Flask Web 全栈开发实战

黄 勇 著

清华大学出版社
北京

内 容 简 介

本书围绕 Flask 框架，详细地讲解了使用 Flask 开发网站的各项技术要点。全书共 11 章，首先讲解了 Flask 项目开发中的环境搭建、项目配置、URL 与视图、Jinja2 模板、数据库、表单、Flask 进阶、缓存系统等。然后拓展了知识面，在项目实战中分别介绍了 RESTful API、邮箱验证码、Redis 缓存、Celery 异步任务、登录授权机制、角色权限管理、富文本编辑器、头像管理、文件上传以及 Nginx、Gunicorn 部署等技术要点；在 WebSocket 实战中讲解了 Flask 中使用 WebSocket 开发项目的全部过程。最后讲解了 Flask 异步编程。通过本书的学习，读者能够熟练掌握 Flask Web 开发技术。

本书适合没有 Flask 开发经验或者 Flask 基础比较薄弱、想要系统学习 Flask Web 开发技术的读者学习。

本书封面贴有清华大学出版社防伪标签，无标签者不得销售。
版权所有，侵权必究。举报：010-62782989，beiqinquan@tup.tsinghua.edu.cn。

图书在版编目（CIP）数据

Flask Web 全栈开发实战 / 黄勇著. —北京：清华大学出版社，2022.6
ISBN 978-7-302-60928-5

Ⅰ. ①F… Ⅱ. ①黄… Ⅲ. ①软件工具—程序设计 Ⅳ. ①TP311.561

中国版本图书馆 CIP 数据核字（2022）第 088958 号

责任编辑：贾旭龙　贾小红
封面设计：秦　丽
版式设计：文森时代
责任校对：马军令
责任印制：丛怀宇

出版发行：清华大学出版社
网　　址：http://www.tup.com.cn，http://www.wqbook.com
地　　址：北京清华大学学研大厦 A 座　　邮　编：100084
社 总 机：010-83470000　　邮　购：010-62786544
投稿与读者服务：010-62776969，c-service@tup.tsinghua.edu.cn
质量反馈：010-62772015，zhiliang@tup.tsinghua.edu.cn

印 装 者：三河市东方印刷有限公司
经　　销：全国新华书店
开　　本：185mm×235mm　　印　张：17.75　　字　数：356 千字
版　　次：2022 年 7 月第 1 版　　印　次：2022 年 7 月第 1 次印刷
定　　价：79.00 元

产品编号：094328-01

序
Foreword

最近几年,很多新的技术在企业已全面落地,让我们真真切切地感受到了"技术改变生活",而且这将会越来越成为一种共识,"未来已来",它从侧面告诉我们,科学技术重构的背后,本质上其实是社会整体往数字化转型的过程。互联网技术会重构所有的产业体系,不管我们是否承认,这一切都在悄然地进行中,而在这个过程中,我们每个人都无法置身事外,我们需要思考的是,如何让自己在这样一个充满不确定性的变化中去寻找到一份确定,以成就我们自己的事业和人生。我们需要让自己更轻、更灵活地应对在社会产业结构调整的过程中新型技术带来的挑战。在新的思维体系下,研发团队如何能够快速地应对市场的变化和客户的诉求,支撑公司业务爆发式的增长并让自己服务的企业能够在市场竞争中赢得未来,这是我们需要重点考虑的问题。如此,我们需要轻量级的框架提升研发效率,而 Flask 正是一款轻量级的 Web 开发框架,其"微"小的设计理念,可以让我们轻松地使用它进行 Web 开发,一切都恰到好处。

我很庆幸能够认识黄勇老师,最初认识黄勇老师是通过网易云课堂平台,后来我们有过很多次的沟通交流以及课程方面的合作。黄勇老师是网易云课堂平台的优秀讲师,很多已工作的学生通过学习他的 Django 和 Flask 等课程,已经成功就职于一线的互联网公司;很多在校大学生也是通过学习他的课程在未毕业的时候就得到了 Offer。在我看来,黄老师的课程不仅教会了别人知识,更多的是教会了别人科学体系化的学习方法,这点是难能可贵的。本书是黄老师在企业内训,以及网易云课堂几万学员的认可中打造出来的 Flask Web 开发精华,这些知识有利于或帮助学生系统全面地学习 Flask 框架下 Web 开发、前后端分离开发模式及微服务架构开发。本书结合了真实的企业案例,带领读者从 Flask 基础知识开始学习,随后一步步构建以 Flask 框架为核心的平台化产品和前后端分离模式下的微服务化产品。本书内容深入浅出,带领读者贯穿了整个 Flask 框架的开发流程,帮助读者从零到一开始构建一个符合企业级标准的平台。不管您是 Python 全栈开发者,还是 Python 语言爱好者,以及测试开发工程师,都能够从本书中收获良多。

最后,感谢黄勇老师的辛苦付出,也期待黄勇老师后期可以出版更多关于 Python 方面的书籍,希望本书能够帮助到更多 Python 全栈开发者和测试开发工程师。

——《Python 自动化测试实战》作者 无涯

前言

创作背景

当前,Python 的就业前景还是非常可观的,国内 Python 人才的需求呈大规模上升之势,薪资水平也是水涨船高。尤其在 Linux 运维、Python Web 网站、Python 自动化测试、数据分析和人工智能等诸多领域,对 Python 人才的需求非常旺盛。

Flask 诞生于 2010 年,是作者 Armin ronacher 用 Python 语言编写的一款轻量级 Web 开发框架。时至今日,使用 Flask 开发 Web 应用程序的人越来越多,Flask 微框架也越来越受到关注。2021 年 5 月,Flask 2.0 版本发布,除了一些新增的特性,Flask 2.0 实现了基本的异步支持。

使用 Flask 框架的优势:可以大大降低开发难度,提高开发效率,让快速、高效的 Web 开发成为可能;可以带来系统稳定性和可扩展性的提升;Flask 自由、灵活、可扩展性强、第三方库的选择面广;对于初学者来说,入门门槛很低,简单易学,即便没有多少 Web 开发经验,也能很快做出网站,大大节约了初学者的学习成本。

本书围绕 Flask 框架展开讲解,从理论到实战,带领读者实现从零基础入门到动手开发项目的技术飞跃。书中贯穿了笔者总结的大量开发经验与实践思考,对开发人员有很大的借鉴意义。

目标读者

本书的目标读者是没有 Flask 开发经验或者有少量 Flask 使用经验的读者。通过学习本书可以熟练掌握 Flask Web 开发技术,包括但不限于以下岗位。

- ☑ Python 全栈开发工程师:通过学习本书,可以掌握前后端开发的技术要点,能快速开发 Web 应用项目。
- ☑ 测试开发工程师:使用本书讲解的知识点,能有效提高自动化测试平台的开发能力。
- ☑ 运维开发工程师:使用本书讲解的知识点,能有效提高自动化运维平台的开发能力,以及阅读相关开源项目源码的能力。
- ☑ 数据/算法工程师:使用本书讲解的知识点,可以结合算法模型,将模型服务化,供普通用户使用。

内容提要

本书的内容由浅入深,从独立知识点的详细讲解,到项目实战的步步剖析,全面而具体。前面 8 章讲解了 Flask 的基础知识,第 9 章和第 10 章分别讲解了论坛项目和在线即时聊天项目实战,第 11 章则作为补充内容,讲解了 Flask 异步编程。下面分别介绍每章的知识点。

- ☑ 第 1 章:对 Flask 做了简要介绍,以及讲解了开发 Flask 项目的环境搭建,后续章节内容都是基于此章搭建的开发环境来讲解的。
- ☑ 第 2 章:详细讲解如何配置 Flask 项目,以及不同软件的配置方式。
- ☑ 第 3 章:对网站开发中最基本的 URL 与视图的绑定、URL 传参、请求方法、页面重定向等进行详细讲解,学完本章内容读者会明白一个网站是如何与浏览器进行交互的。
- ☑ 第 4 章:主要讲解了 Jinja2 模板的使用。Jinja2 作为 Flask 默认的模板引擎,有一套自己的渲染语法。Jinja2 的功能非常强大,能够直接读取数据库数据,并使用函数对数据进行操作,学好 Jinja2 模板才能做出一个优美且实用的页面。
- ☑ 第 5 章:数据库是一个动态网站必备的模块。本章详细讲解 Flask-SQLAlchemy 使用 ORM 操作 MySQL 数据库的技术要点,实现不用写一行 SQL 代码就能操作数据库的需求,从而大大提高开发效率。
- ☑ 第 6 章:一个网站中经常需要提交数据到服务器,这时候就需要用到表单。Flask 中的表单是传统 HTML 表单的加强版。本章除了讲解 Flask 表单的使用方式以外,还加入了作者的一些使用经验。
- ☑ 第 7 章:经过前面 6 章的学习后,读者基本可以独立使用 Flask 开发网站了,通过本章进阶内容的学习,可以学会 Flask 更高级的用法,以及对 Flask 原理有更深入的理解。
- ☑ 第 8 章:在网站的访问达到一定数量级后,需要使用缓存来提高网站的响应速度,本章将会讲解纯内存型的 Memcached 缓存系统,以及 key-value 带有同步机制的 Redis 缓存系统。
- ☑ 第 9 章:通过前面对 Flask 知识点的掌握,读者已经有能力开发一个完整的 Flask 项目了。本章从零开始讲解实现一个论坛项目的开发过程,包括注册、登录、邮箱验证码、头像、发帖、发布评论等功能。
- ☑ 第 10 章:为了适应市场需求,本章将通过项目实战案例介绍 WebSocket 在 Flask 中的应用。学完本章内容后,读者可以有能力开发即时聊天软件,或者将 WebSocket 功能集成到项目中,如客服系统、视频弹幕等。

☑ 第 11 章：对 Flask 异步编程进行了详细的讲解，首先讲解 asyncio 标准库、aiohttp 库、异步版 Flask 安装与异步编程性能，然后带领读者实战，即异步实现发送一些 HTTP 请求。

读者服务

☑ 示例代码。
☑ 学习视频。

读者可以通过扫码访问本书专享资源官网，获取示例代码、学习视频，加入读者群，下载最新学习资源或反馈书中的问题。

勘误和支持

由于笔者水平有限，书中难免会有疏漏和不妥之处，恳请广大读者批评指正。

致谢

首先感谢清华大学出版社的杜一诗编辑，感谢她这几个月以来对我的支持和鼓励，引导我完成了本书的编写工作。另外感谢所有支持我课程的粉丝和学员，是你们的支持才让我有动力和勇气完成此书。最后感谢我的家人对我的支持和陪伴，本书也是我送给女儿的出生礼物，希望她长大后有机会阅读到本书。

黄　勇

2021 年 10 月于长沙

目 录

第 1 章 Flask 前奏 1
1.1 Flask 简介 1
1.2 环境搭建 1
1.2.1 Python 环境 2
1.2.2 Flask 版本 3
1.2.3 开发软件 4

第 2 章 项目配置 9
2.1 Debug 模式、Host、Port 配置 9
2.1.1 Debug 模式 9
2.1.2 设置 Host 和 Port 13
2.2 在 app.config 中添加配置 18
2.2.1 使用 app.config 配置 18
2.2.2 使用 Python 配置文件 19

第 3 章 URL 与视图 20
3.1 定义 URL 21
3.1.1 定义无参数的 URL 22
3.1.2 定义有参数的 URL 22
3.2 HTTP 请求方法 27
3.3 页面重定向 29
3.4 构造 URL 30

第 4 章 Jinja2 模板 32
4.1 模板的基本使用 32
4.1.1 渲染模板 32
4.1.2 渲染变量 34
4.2 过滤器和测试器 38

4.2.1 自定义过滤器 38
4.2.2 Jinja2 内置过滤器 39
4.2.3 测试器 42
4.3 控制语句 44
4.3.1 if 判断语句 44
4.3.2 for 循环语句 45
4.4 模板结构 51
4.4.1 宏和 import 语句 51
4.4.2 模板继承 52
4.4.3 引入模板 54
4.5 模板环境 55
4.5.1 模板上下文 55
4.5.2 全局函数 56
4.5.3 Flask 模板环境 57
4.6 其他 58
4.6.1 转义 58
4.6.2 加载静态文件 59
4.6.3 闪现消息 59

第 5 章 数据库 61
5.1 准备工作 61
5.1.1 MySQL 软件 61
5.1.2 Python 操作 MySQL 驱动 61
5.1.3 Flask-SQLAlchemy 62
5.2 Flask-SQLAlchemy 的基本使用 ...62
5.2.1 连接 MySQL 62
5.2.2 ORM 模型 63

5.2.3 CRUD 操作	66
5.3 表关系	70
5.3.1 外键	71
5.3.2 一对多关系	71
5.3.3 一对一关系	74
5.3.4 多对多关系	75
5.3.5 级联操作	77
5.4 ORM 模型迁移	80
5.4.1 创建迁移对象	80
5.4.2 初始化迁移环境	81
5.4.3 生成迁移脚本	81
5.4.4 执行迁移脚本	81

第 6 章 表单 83

6.1 表单验证	83
6.1.1 表单类编写	85
6.1.2 视图函数中使用表单	87
6.1.3 自定义验证字段	89
6.2 渲染表单模板	90
6.3 CSRF 攻击	93

第 7 章 Flask 进阶 98

7.1 类视图	98
7.1.1 基本使用	98
7.1.2 方法限制	99
7.1.3 基于方法的类视图	100
7.1.4 添加装饰器	101
7.2 蓝图	101
7.2.1 基本使用	101
7.2.2 寻找模板	102
7.2.3 寻找静态文件	102
7.3 cookie 和 session	103
7.3.1 关于 cookie 和 session 的介绍	103
7.3.2 Flask 中使用 cookie 和 session	104
7.4 request 对象	105
7.5 Flask 信号机制	106
7.5.1 自定义信号	106
7.5.2 Flask 内置信号	107
7.6 常用钩子函数	108
7.7 上下文	109
7.7.1 线程隔离对象	110
7.7.2 LocalStack 类	111
7.7.3 LocalProxy 类	114

第 8 章 缓存系统 117

8.1 Memcached	117
8.1.1 安装 Memcached	117
8.1.2 telnet 操作 Memcached	118
8.1.3 Python 操作 Memcached	121
8.1.4 Memcached 的安全性	122
8.2 Redis	122
8.2.1 Redis 使用场景	122
8.2.2 Redis 和 Memcached 比较	123
8.2.3 Redis 在 Ubuntu 中的安装与使用	123
8.2.4 Redis 操作命令	125
8.2.5 同步数据到硬盘	130
8.2.6 设置密码	131
8.2.7 Python 操作 Redis	132

第 9 章 项目实战 134

9.1 创建项目	135
9.1.1 config.py 文件	137
9.1.2 exts.py 文件	139
9.1.3 blueprints 模块	140
9.1.4 models 模块	142

9.2 创建用户相关模型 143	9.8 个人中心 205
9.2.1 创建权限和角色模型 143	9.8.1 使用 Flask-Avatars 生成随机
9.2.2 创建权限和角色 146	头像 206
9.2.3 创建用户模型 150	9.8.2 修改导航条上的登录状态 209
9.2.4 创建测试用户 154	9.8.3 根据用户显示个人中心 210
9.2.5 创建管理员 155	9.8.4 修改用户信息 212
9.3 注册 155	9.9 CMS 管理系统 215
9.3.1 渲染注册模板 155	9.9.1 CMS 入口 215
9.3.2 使用 Flask-Mail 发送邮箱验证码 .. 160	9.9.2 权限管理 216
9.3.3 使用 Flask-Caching 和 Redis 缓存	9.9.3 员工管理页面 219
验证码 165	9.9.4 添加员工 221
9.3.4 使用 Celery 发送邮件 167	9.9.5 编辑员工 223
9.3.5 RESTful API 170	9.9.6 管理前台用户 225
9.3.6 CSRF 保护 173	9.9.7 帖子管理 228
9.3.7 使用 AJAX 获取邮箱验证码 173	9.9.8 评论管理 230
9.3.8 实现注册功能 176	9.9.9 板块管理 231
9.4 登录 179	9.10 错误处理 231
9.5 发布帖子 182	9.11 日志 233
9.5.1 添加帖子相关模型 183	9.11.1 loggers 模块 233
9.5.2 初始化板块数据 184	9.11.2 handlers 模块 234
9.5.3 渲染发布帖子模板 184	9.11.3 filters 模块 235
9.5.4 使用 wangEditor 富文本编辑器 186	9.11.4 formatters 模块 236
9.5.5 未登录限制 191	9.12 部署 237
9.5.6 服务端实现发帖功能 193	9.12.1 导出依赖包 237
9.5.7 使用 AJAX 发布帖子 194	9.12.2 使用 Git 上传代码 237
9.6 首页 195	9.12.3 生产环境的配置 241
9.6.1 生成帖子测试数据 197	9.12.4 安装常用软件 241
9.6.2 使用 Flask-Paginate 实现分页 198	9.12.5 配置网站 243
9.6.3 过滤帖子 200	9.12.6 使用 Gunicorn 部署网站 244
9.7 帖子详情 202	9.12.7 使用 Nginx 部署网站 246
9.7.1 动态加载帖子详情数据 202	9.12.8 压力测试 249
9.7.2 发布评论 203	

第 10 章 WebSocket 实战 252
10.1 安装相应的包 253
10.2 创建 SocketIO 对象 253
10.3 实现登录 254
10.4 连接和取消连接 257
10.5 获取在线用户 258
10.6 实现单聊 259
10.7 实现群聊 260
10.8 部署项目 261

第 11 章 Flask 异步编程 263
11.1 asyncio 标准库 263
11.2 aiohttp 库 265
11.3 异步版 Flask 安装与异步编程性能 266
11.3.1 安装异步版 Flask 266
11.3.2 Flask 异步编程性能 266
11.3.3 实战——异步发送 HTTP 请求 267
11.3.4 使用异步 SQLAlchemy 269
11.3.5 Jinja2 开启异步支持 271

第 1 章
Flask 前奏

1.1 Flask 简介

　　Flask 是一个基于 Python 的 Web 开发框架，它以灵活、微框架著称。Flask 的出现也是一个偶然的机会，在 2010 年 4 月 1 日愚人节这天，作者 Armin Ronacher 开了个玩笑，在网上发表了一篇关于"下一代 Python 微框架"的文章，众开发者信以为真，并期待他能真正把文章中的想法实现出来。5 天后，Armin Ronacher 真的发布了一个"微"框架，就是 Flask。Flask 虽然是作者在愚人节开的一个玩笑，但是其框架设计却非常优秀，并且深受开发者喜爱，截至 2021 年 6 月，在 Github 上的 Star（关注）数已经超过 56000，仅次于 2005 年发布的 Django 的 58000 Star 数。相信在不久的将来，Flask 的 Star 数一定会赶超 Django。

　　Flask 以微框架著称，本身不具备太多功能，但是通过丰富的第三方插件，可以轻松地应对现实开发中复杂的需求，并且有大量的企业正在使用 Flask 构建自己的产品。国内比较出名的如豆瓣、果壳网，国外的如 Reddit、Netflix 等，其稳定性和应对复杂业务需求的能力已经被大量企业所验证。因此读者无须担心 Flask 无法适应企业需求，放心大胆地去学好 Flask，能够让你在 Web 开发工作中如虎添翼。

1.2 环境搭建

　　为了避免因为开发环境问题影响读者的学习，在阅读本书之前，我们先来了解本书知识点和案例所基于的开发环境，建议读者在阅读学习本书时，尽量保持跟本书一致的开发环境。

1.2.1 Python 环境

本书使用的 Python 版本是 Python 3.9，如果读者之前已经安装过其他版本，则必须保证是 Python 3.6 以上的版本。关于如何查看计算机中现有的 Python 版本，按照系统来分，可以用以下方式查看。

- ☑ Windows 系统：按 Win+R 快捷键，输入 cmd，按 Enter 键，在打开的命令行终端输入 python，即可看到现有的 Python 版本，如图 1-1 所示。

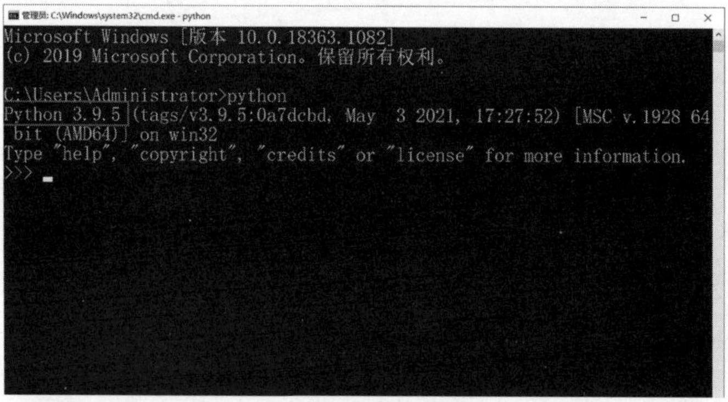

图 1-1　Windows 系统查看 Python 版本

从图 1-1 可以看到 Windows 系统安装的 Python 版本是 3.9.5，读者也可以查看自己的计算机上安装的 Python 版本，如果不是 3.6 以上版本，那么可以到官网 https://www.python.org/ 下载最新版本的 Python，下载后直接安装即可。

- ☑ Mac 系统：打开终端，输入 python3，然后按 Enter 键，可以看到 Mac 系统安装的也是 Python 3.9.5 版本，如图 1-2 所示。

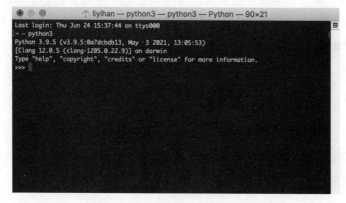

图 1-2　Mac 系统查看 Python 版本

> **注意**
> 因为笔者的 Mac 系统装了两个 Python 版本，设置的 python3 命令指向的是 Python 3.9，所以在此输入的是 python3 命令。

1.2.2 Flask 版本

本书讲解的知识点和项目都是基于目前最新的 Flask 版本：2.0.1。Flask 2.0.1 新增了许多新的特性，如增加了 await/async 异步支持、@post/@get 快捷路由、嵌套蓝图等。如果使用旧版本的 Flask，这些新的特性将无法学到。安装 Flask 2.0.1 版也非常简单，只要在系统的终端软件中输入以下命令，然后按 Enter 键即可安装。

```
$ pip install flask==2.0.1
```

安装效果如图 1-3 所示。

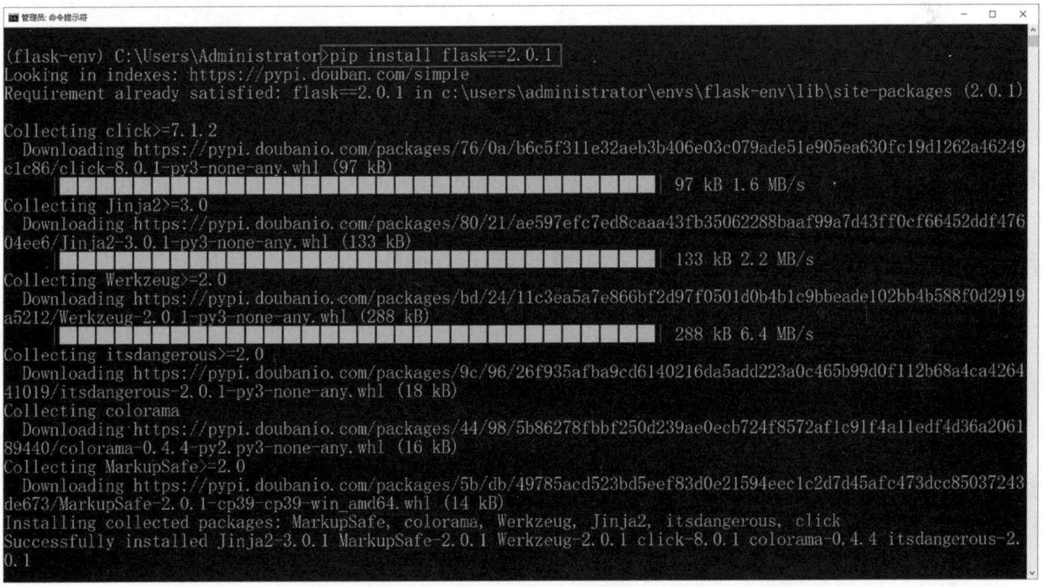

图 1-3 通过 pip 命令安装 Flask

Flask 还有许多第三方的插件，如提供数据库操作的 Flask-SQLAlchemy，后续在讲到相关内容时再安装。

1.2.3 开发软件

许多软件都可以用来开发 Flask 项目，如 Sublime Text、Visual Studio Code 等，但是最专业的软件还是 PyCharm。PyCharm 是一个集成开发环境（integrated development environment，简称 IDE），它提供了许多方便快捷的功能，如断点调试、版本控制等，对于企业级 Python 开发者而言，无疑是很好用的开发软件。

PyCharm 是 JetBrains 公司出品的一款专门针对 Python 编程的软件，它有两大版本：一个是 PyCharm Professional，即专业版；另一个是 PyCharm Community，即社区版，这两大版本的主要区别如下。

- ☑ PyCharm Professional：功能最全，适合开发任何类型的 Python 程序，包括做一些前端项目开发，但是需要收费。
- ☑ PyCharm Community：适合开发爬虫、数据分析、GUI 等纯 Python 程序。对 Python Web（如 Flask 和 Django 等）开发不够友好，没有足够的代码提示。好处是开源免费。

我们需要开发 Flask 项目，所以选择 PyCharm Professional 版本。关于它的收费问题，如果读者是学生，可以用学校提供的教育邮箱账号（一般以 edu.cn 结尾）去申请免费授权（申请网址 https://www.jetbrains.com/community/education/#students）。如果读者是企业开发者，可以跟公司申请购买正版授权。如果您既不是学生又不想购买正版 PyCharm Professional 版本，则可以退而求其次选择 PyCharm Community 版本，也完全可以学习本书的内容，只是一些代码提示没有那么智能（PyCharm Professional 有 30 天试用期）。

下面详细地讲解 PyCharm 的安装步骤及其使用方法。

（1）下载 PyCharm。

首先到 JetBrains 官网 https://www.jetbrains.com/pycharm/download/下载 PyCharm，根据自己的情况，选择 Professional 版本或 Community 版本，如图 1-4 所示，然后单击 Download 按钮即可。

（2）安装 PyCharm。

下载 PyCharm 后，双击 pycharm-professional.exe 文件即可打开安装界面。安装过程非常简单，全部使用默认选项，一直单击 Next 按钮即可。唯一需要注意的是，在安装过程中可以选择安装路径，如图 1-5 所示。

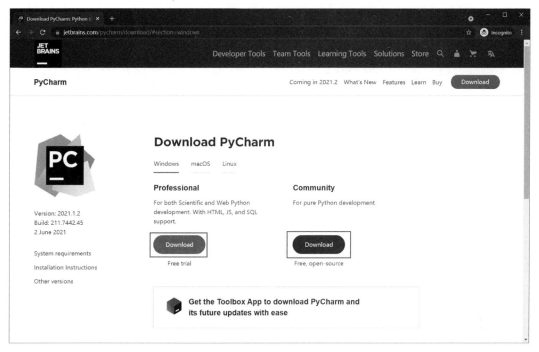

图 1-4　下载 PyCharm

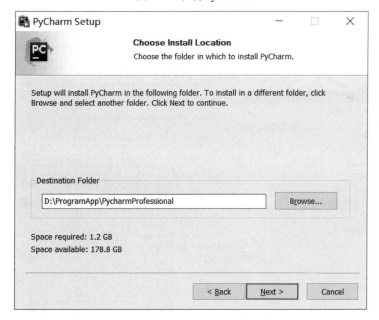

图 1-5　安装 PyCharm 时可选择安装路径

（3）创建项目，选择 Python 解释器。

打开 PyCharm，然后单击 New Project 按钮创建一个项目，如图 1-6 所示。

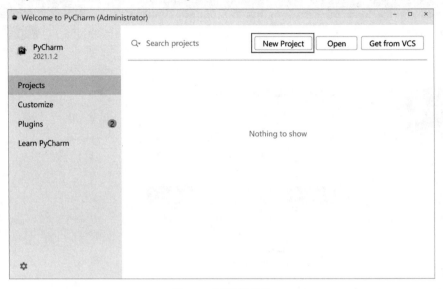

图 1-6　创建新项目

再次单击 New Project 按钮后，进入下一个界面，在左侧选择 Flask 项目，然后设置项目的路径，接着设置 Python 解释器，如图 1-7 所示。

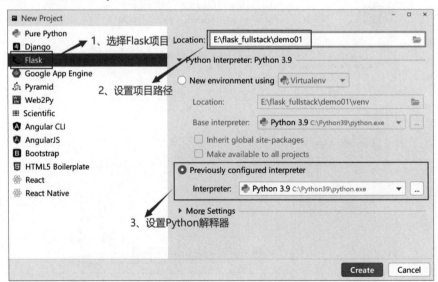

图 1-7　使用 PyCharm 创建项目的选项

选择 Flask 项目以及设置项目路径的步骤都比较简单，最重要的是 Python 解释器的设置。系统默认选择 New environment using [Virtualenv]选项，这个选项会为每个项目都创建一个虚拟环境，虚拟环境相当于一个独立的 Python 环境，之前通过 pip 命令安装的 Python 全都需要重新安装，对于我们学习而言，无疑是浪费时间，所以这里要选中 Previously configured interpreter 单选按钮。

注意

如果项目不是用来学习的，而是要上线到服务器使用的，则建议选择 New environment using [Virtualenv]选项，可以避免和其他项目产生依赖包版本冲突，也方便在开发机和服务器上同步依赖包。

解释器选好后，单击 Create 按钮创建项目。

项目创建后，PyCharm 默认会生成以下项目结构。

- app.py 文件：是项目的入口文件，会默认生成一个主路由，并且视图函数名叫 hello_world，详情如图 1-8 所示。

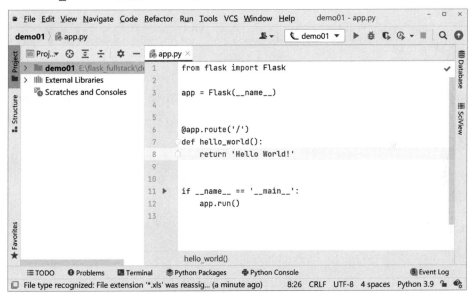

图 1-8　Flask 项目结构图

- templates 文件夹：用于存放模板文件。
- static 文件夹：用于存放静态文件。

> **注意**
>
> 如果读者用的不是 PyCharm Professional 版,那么将不会自动生成 app.py 文件,以及 static 和 templates 文件夹,这时读者可以自行创建这个项目结构,并在 app.py 文件中输入如图 1-9 所示的代码即可。
>
>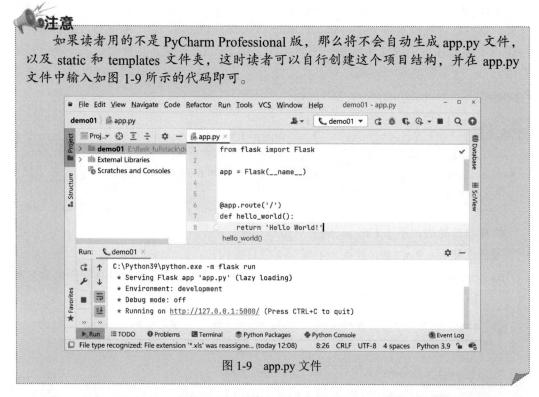
>
> 图 1-9　app.py 文件

最后,单击右上角的三角按钮运行项目。在浏览器中输入 http://127.0.0.1:5000,可以看到浏览器网页中显示 Hello World!(见图 1-10)。至此,一个最简单的 Flask 项目就已经运行起来了。

图 1-10　浏览器中访问 Flask 项目

第 2 章
项目配置

Flask 项目在开发中，或部署到服务器上，都需要做一些配置。如是否开启 Debug 模式、连接数据库参数信息等操作都需要通过配置才能实现，本章将详细地讲解 Flask 项目中的几种配置方式，读者可以根据实际情况选择不同的配置方式。

2.1 Debug 模式、Host、Port 配置

Debug 模式、Host、Port 这 3 个配置项分别代表是否开启调试模式、项目运行使用的 Host（可以先简单理解为访问项目的域名）、项目运行监听的端口号。这 3 个配置项单独拿出来讲，是因为它们在项目开发中使用的频率非常高，并且使用的是不同的开发工具，所以配置方式也不同。为了讲解方便，这里首先创建一个新的项目 demo02，读者可以自行下载相关代码学习。下面分别学习这 3 个配置项的意义和配置方式。

2.1.1 Debug 模式

在使用 Flask 框架开发项目的过程中，会不断地添加新代码或者修改原代码，如果没有开启 Debug 模式，那么在修改代码后，必须要手动重新启动项目才能看到运行效果，这样会大大降低开发效率。所以一般在开发时，都会开启 Debug 模式，这样在代码修改完成后，只要单击 "保存" 按钮，或者按 Ctrl+S 快捷键，那么 Flask 将会自动重启项目。另外，如果程序出错了，在开启 Debug 模式下，在浏览器端会显示错误信息，并且标记错误行号，对于定位 bug（故障）有非常大的帮助。那么 Debug 模式怎么打开呢？这要根据是否使用 PyCharm Professional 版来决定，以下分别进行讲解。

1. 在 PyCharm Professional 版中开启 Debug 模式

如果你使用的是 PyCharm Professional 版，则需要单击右上角 demo02（即项目名称）

右侧下拉按钮，然后在弹出的下拉列表中选择 Edit Configurations 命令，如图 2-1 所示。

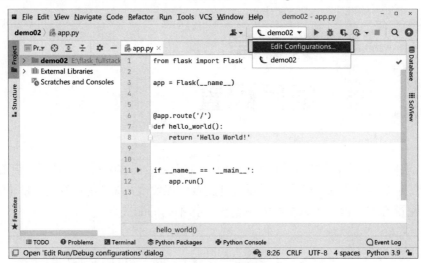

图 2-1　编辑项目配置

在打开的本项目的编辑界面选中 FLASK_DEBUG 复选框，然后单击 OK 按钮即可，如图 2-2 所示。

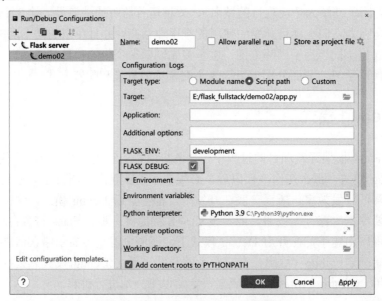

图 2-2　选中 FLASK_DEBUG 复选框

下面单击右上角的运行按钮运行项目，便可以看到在 PyCharm 控制台显示已经开启了 Debug 模式，如图 2-3 所示。

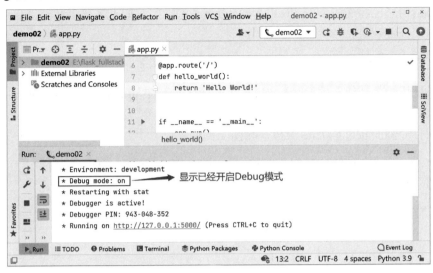

图 2-3　开启 Debug 模式

接下来打开浏览器，在浏览器的地址栏中输入 http://127.0.0.1:5000，可以看到网页中显示 Hello World!。现在返回到 PyCharm 中，将字符串 Hello World!修改成 Hello Flask!，然后按 Ctrl+S 快捷键保存代码，可以看到 PyCharm 的控制台会自动地重新加载项目，如图 2-4 所示。

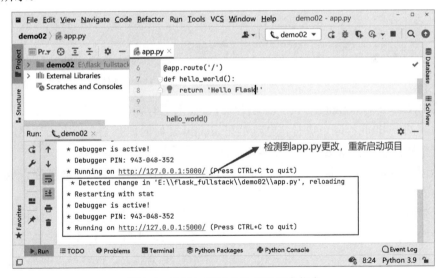

图 2-4　重新加载项目生成的日志信息

在项目重新加载完成后,回到浏览器中,重新访问 http://127.0.0.1:5000,可以看到网页上的显示信息已经变成了 Hello Flask!。在这个过程中我们不需要手动地重启项目,这大大提高了开发效率。

2. 在非 PyCharm Professional 版中开启 Debug 模式

如果使用的是其他软件编写 Flask 项目,如 PyCharm Community 或 Vistual Studio Code 等,那么需要在 app.run 方法调用时,添加 debug=True 参数。在 PyCharm Community 版中打开项目并添加 debug=True 参数,如图 2-5 所示。

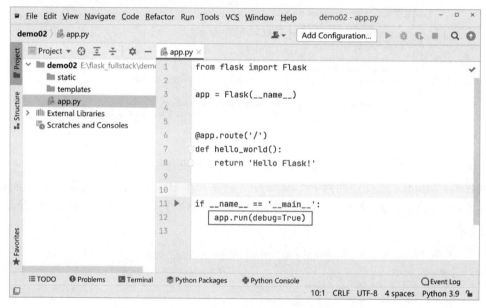

图 2-5 在 PyCharm Community 中开启 Debug 模式

因为 PyCharm Community 版中没有集成 Flask 的运行模式,所以运行 Flask 项目时需要按照常规的 Python 程序来执行,也就是在 app.py 文件的任意空白处右击,然后在弹出的快捷菜单中选择 Run 'app' 命令,如图 2-6 所示。

开始运行 app.py 后,即可在 PyCharm Community 的控制台看到日志信息,也可以看到 Debug 模式已经被开启了,如图 2-7 所示。

以上便是 Debug 模式的开启方式,读者可以根据实际情况进行设置。Debug 模式在开发过程中调试代码、定位 bug 非常方便,但是在项目部署上线后,记得一定要关闭 Debug 模式,否则项目一旦出现异常,相关代码就会显示在浏览器上,很容易被有心之人利用,从而威胁网站的安全。

第 2 章　项 目 配 置

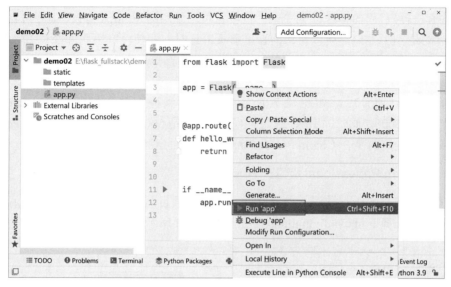

图 2-6　在 PyCharm Community 中运行 Flask 项目

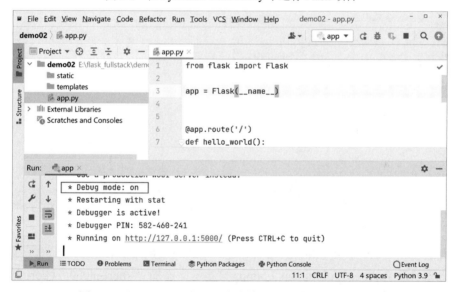

图 2-7　PyCharm Community 控制台显示开启了 Debug 模式

2.1.2　设置 Host 和 Port

Host 代表的是主机，Port 代表的是端口号。下面举一个实际的例子来简单解释 Host 和 Port。例如，百度首页网址为 https://www.baidu.com:443，其中冒号前面的 www.baidu.com

即为Host，冒号后面的443即为Port。百度首页网址用的是https协议，因为https协议默认监听的是443端口，所以在访问百度首页网址时，即使没有写明443端口，浏览器也会自动请求百度服务器的443端口，即通过https://www.baidu.com就可以访问到百度首页。

运行Flask项目后，如图2-7所示，可以看到控制台的打印信息Running on http://127.0.0.1:5000，此时的Host是127.0.0.1，Port是5000。如何修改Host和Port呢？这也要看是否使用的是PyCharm Professional版。下面分别进行讲解。

1．PyCharm Professional版修改Host和Port

首先，同修改Debug模式一样，先单击右上角项目名称旁的下拉按钮，然后在弹出的下拉列表中选择Edit Configurations命令，如图2-8所示。

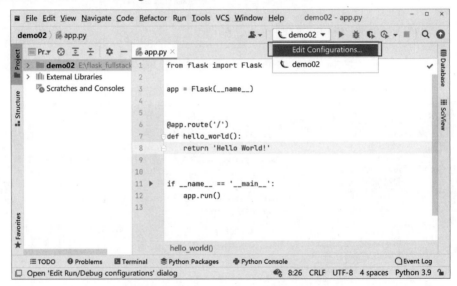

图2-8　PyCharm Professional编辑项目配置

打开编辑窗口后，找到Additional options，如图2-9所示。

首先来修改Port，在Additional options文本框中添加"--port=8000"（port前面两个"-"），然后单击OK按钮，如图2-10所示。回到PyCharm Professional主面板后，再单击运行按钮，即可在PyCharm Professional控制台看到项目监听的端口已经从之前的5000变成了8000，如图2-11所示。

以后我们再访问此项目时，就需要通过http://127.0.0.1:8000来访问了。

读者可能会好奇，在什么情况下需要修改Port呢？假设现在需要运行两个Flask项目A和B，如果不修改端口号，则A和B两个项目监听的都是5000端口，这样会导致其中一个项目不能被访问到。此时我们可以将 B 项目的端口号修改成 8000，以后在浏览器中访问 http://127.0.0.1:5000 就是 A 项目，访问 http://127.0.0.1:8000 就是 B 项目，这样就能非常明确地区分开来。总而言之，在 5000 端口被占用的情况下，都可以通过修改 Port 来让项目正常地运行起来。

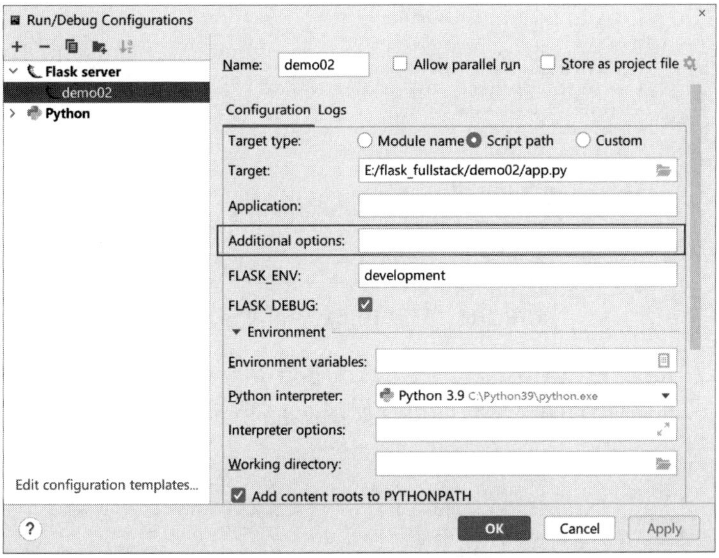

图 2-9　添加额外参数

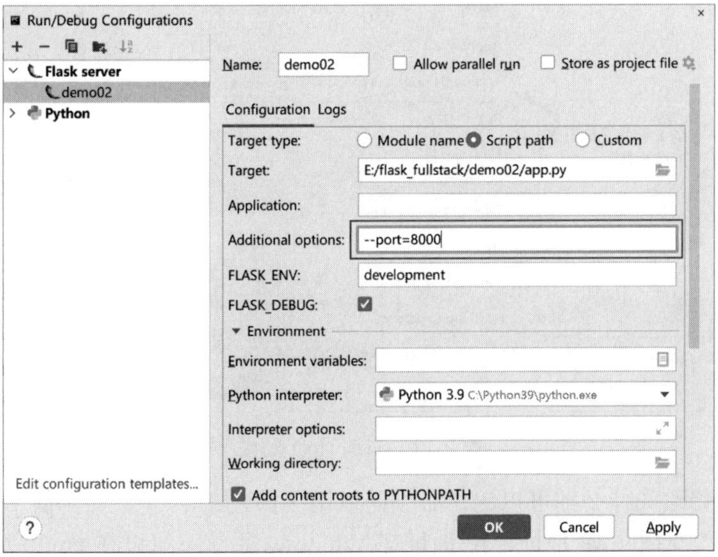

图 2-10　设置 Port 参数

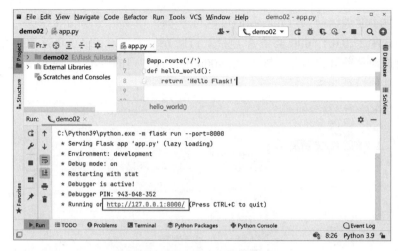

图 2-11　修改 Port 后的日志信息

接下来修改 Host。修改 Host 的步骤与修改 Port 是一样的，在 Additional options 文本框中添加一个"--host=0.0.0.0"参数即可，如图 2-12 所示。

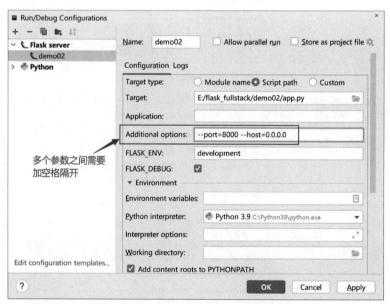

图 2-12　添加 Host 配置

Host 不是修改成什么都可以的，必须是以下三种之一。

- ☑ 本机的局域网 IP 地址。IP 地址在 Windows 系统下可以在 cmd 命令行终端中输入 ipconfig 命令查看，在 Mac 或者 Linux 下系统可以通过 ifconfig 命令查看。如查看笔者的局域网 IP 地址，如图 2-13 所示。

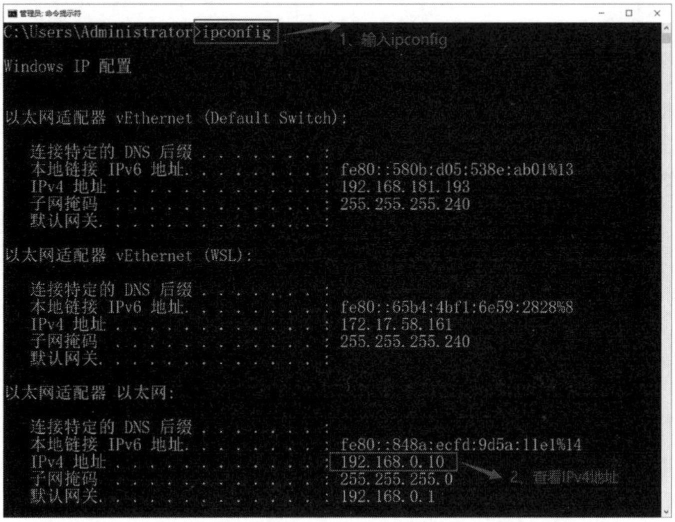

图 2-13　查看笔者的局域网 IP 地址

如果设置成了局域网 IP 地址，那以后不管是自己的计算机访问，还是局域网中其他设备访问，都需要通过局域网 IP 地址才能访问到。

- ☑ 127.0.0.1：代表本机的 IP 地址。如果设置成本机的 IP 地址，则项目只能在自己的计算机上访问。局域网中其他用户不能访问。
- ☑ 0.0.0.0：代表既可以通过 127.0.0.1 访问，也可以通过局域网 IP 地址访问。

如果在项目中想让局域网中的其他用户访问，一般会把 Host 设置成 0.0.0.0，这样别人能通过运行项目的计算机的局域网 IP 地址访问到项目，在本机上也可以通过 127.0.0.1 访问到项目。如图 2-12 所示设置，读者可以在家中同一个局域网下，用手机打开浏览器，输入 http:///局域网 IP 地址:8000，也可以访问到计算机上运行的 Flask 项目。

2．非 PyCharm Professional 版修改 Host 和 Port

在没有使用 PyCharm Professional 的情况下，只需要在 app.run 方法中传入 host 和 port 参数即可，如图 2-14 所示。

需要注意以下两点。

- ☑ port 参数必须设置为整型，不能设置为字符串。
- ☑ host 设置为 0.0.0.0 后，虽然控制台日志显示的是 http://192.168.0.10:8000，但是在本机上也可以通过 http://127.0.0.1:8000 访问项目，其他设备则可以通过 http://192.168.0.10:8000 访问到项目。

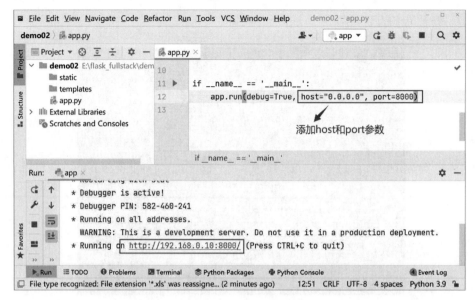

图 2-14　非 PyCharm Professional 下修改 host 和 port

2.2　在 app.config 中添加配置

除了 Debug、Host、Port 这 3 个配置项比较特殊外，其他的配置参数都需要配置到 Flask 对象的 app.config 属性中，在配置参数较多的情况下，还会放到配置文件中。以下分别来进行讲解。

2.2.1　使用 app.config 配置

app.config 是 Config 的对象，Config 是一个继承自字典的子类，所以可以像操作字典一样操作它。使用 app.config 必须要注意的一点是，所有配置项的名称都必须大写，否则不会被 app.config 读取到，示例代码如下。

```
app = Flask(__name__)
app.config["SECRET_KEY"] = "skhrek349Lx!@#"
app.config["SQLALCHEMY_DATABASE_URI"] = "sqlite:///test.db"
# 下面的配置项为小写，不会被读取
app.config["test"] = True
```

app.config 中的配置项，可以设置 Flask 及其插件内置的一些配置项，也可以添加自定义的配置项。如果后续开发中需要用到 app.config 中提前配置好的选项，那么可以通过类似字典的方式获取，示例代码如下。

```
app = Flask(__name__)
app.config["TESTING"] = True
...
test = app.config["TESTING"]
```

使用 app.config 的方式配置项目，在项目体量较小的情况下比较方便，但是随着项目开发的复杂度越来越高，配置项也越来越多，使用 app.config 配置的方式就显得代码不够优雅，并且会让 app.py 文件越来越臃肿。因此企业开发中的项目都会使用配置文件。接下来讲解如何使用配置文件。

2.2.2 使用 Python 配置文件

首先，在当前项目（section01）文件夹下创建一个名为 config.py 的文件，这个文件专门用来存放配置选项。如在 config.py 中添加以下代码。

```
# config.py 文件
TOKEN_KEY = "123456"
```

然后，在 app.py 中添加以下代码。

```
# app.py 文件
import config
app = Flask(__name__)
app.config.from_object(config)
...
print(app.config["TOKEN_KEY"])
```

运行项目后可以看到控制台会打印 123456，这说明使用 Python 配置文件也可以添加配置项。

app.config.from_object 除了直接使用导入的 Python 模块以外，还可以通过字符串的形式加载，示例代码如下。

```
# app.py 文件
app = Flask(__name__)
app.config.from_object("config")
```

Flask 还有许多其他的方式来添加配置文件，如 app.config.from_file 和 app.config.from_json，这里就不再一一展开讲解了，感兴趣的读者可以自行阅读 Flask 的官方文档 https://flask.palletsprojects.com/en/2.0.x/config/ 进行学习研究。

第 3 章
URL 与视图

在使用 PyCharm Professional 版创建一个 Flask 项目后,默认会生成 app.py 文件,文件中的默认代码如下。

```
from flask import Flask
import config

app = Flask(__name__)

@app.route('/')
def hello_world():
    return 'Hello World!'


if __name__ == '__main__':
    app.run()
```

> **注意**
> 如果读者用的不是 PyCharm Professional 版,那么可以手动创建 app.py 文件,并在 app.py 中手动写入以上代码。

我们把@app.route 中的第一个字符串参数叫作 URL,把被@app.route 装饰的函数叫作视图函数。可以在代码中看到 URL 与视图函数的映射关系如下。

```
@app.route('/')
def hello_world():
    return 'Hello World!'
```

其中,@app.route 装饰器中添加了访问 URL 的规则"/","/"代表网站的根路径,只要在浏览器中输入网站的域名即可访问到"/"。被@app.route 装饰的 hello_world 函数会在浏览器访问"/"时被执行,此时 hello_world 函数没有做任何事,只是简单地返回了"Hello World!"字符串。因此在浏览器中访问 http://127.0.0.1:5000 时,我们就可以看到

"Hello World!",如图 3-1 所示。

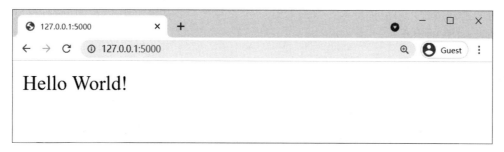

图 3-1　浏览器访问 http://127.0.0.1:5000

本章首先用 PyCharm Professional 版创建一个新的项目 demo03，后续的知识点讲解都将基于 demo03 项目，如图 3-2 所示。

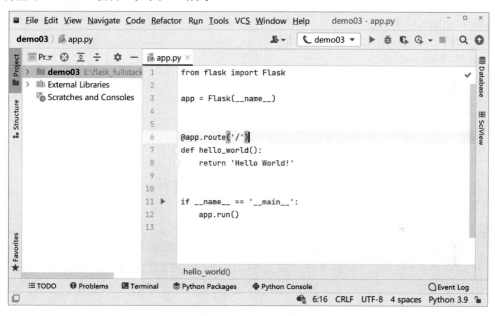

图 3-2　demo03 项目

3.1　定义 URL

绝大部分网站都不可能只有首页一个页面，以一个最简单的博客网站为例，博客页面相关的有博客列表、博客详情等，用户页面相关的有注册、登录、个人中心等。所以在制作网站时，需要定义许多不同的 URL 来满足不同页面的访问需求，而 URL 总体上来讲又分为两种，第一种是无参数的 URL，第二种是有参数的 URL，下面分别进行讲解这两种 URL 的定义。

3.1.1 定义无参数的 URL

无参数 URL 是指在 URL 定义的过程中，不需要定义参数。这里以个人中心为例，如定义个人中心的 URL 为/profile，可以使用以下代码实现。

```
@app.route('/profile')
def profile():
    return '这是个人中心'
```

这样在浏览器中访问 http://127.0.0.1:5000/profile 时，就可以看到"这是个人中心"的页面，如图 3-3 所示。

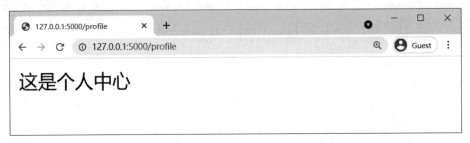

图 3-3　在浏览器中访问 http://127.0.0.1:5000/profile

> **注意**
> 我们说的访问/profile 是不包含域名和端口号的，真正在浏览器中访问时应该在前面加上域名和端口号，如在本地开发应该为 http://127.0.0.1:5000/profile，下文说的 URL 都是省略了域名和端口号的。

3.1.2 定义有参数的 URL

很多时候，在访问某个 URL 时需要携带一些参数。如获取博客详情时，需要把博客的 id 传过去，那么博客详情的 URL 可能为/blog/13，其中 13 为博客的 id。假如获取第 10 页的博客列表，那么博客列表的 URL 可能为/blog/list/10，其中 10 为页码。

在 Flask 中，如果 URL 中携带了参数，那么视图函数也必须定义相应的形参来接收 URL 中的参数。这里以博客详情的 URL 为例，示例代码如下。

```
@app.route("/blog/<blog_id>")
def blog_detail(blog_id):
    return "您查找的博客id为："%blog_id
```

通过以上代码可以看到，URL 中多了一对尖括号，并且尖括号中多了一个 blog_id，这个 blog_id 就是参数。然后在视图函数 blog_detail 中，也相应定义了一个 blog_id 的形参，当浏览器访问这个 URL 时，Flask 接收到请求后，会自动解析 URL 中的参数 blog_id，把它传给视图函数 blog_detail，在视图函数中，开发者就可以根据 blog_id 从数据库中查找到具体的博客数据返回给浏览器。关于数据库操作，这里不做过多讲解，后续章节会详细讲到。现在在浏览器中输入 http://127.0.0.1:5000/blog/1，可以看到如图 3-4 所示效果。

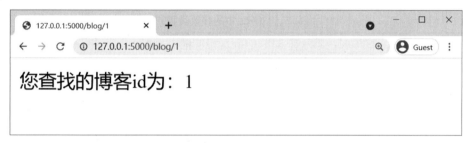

图 3-4　在浏览器中访问 http://127.0.0.1:5000/blog/1 的效果

URL 中的参数还可以指定其类型，指定参数类型有以下两点好处。

☑ 浏览器访问 URL 时，如果传的参数不能被转换为指定的参数类型，如定义 URL 时参数为整型，但是访问的时候传的是不能被转换为整型的参数，如 hello，那么这个 URL 就不会被匹配，从而抛出 404 错误，保证网站的正常运行。

☑ URL 本质上是一个字符串，如果没有指定参数类型，那么参数传进视图函数时默认也是字符串类型。如果指定了参数类型，那么在传给视图函数之前，会将参数转换为指定类型，这样视图函数拿到的参数就是经过转换后的，从而更加方便使用。

指定参数类型是通过语法：<类型:参数名>实现的。这里以/blog/<blog_id>这个 URL 为例，假如需要指定 blog_id 为 int 类型，那么代码将修改成如下形式。

```
@app.route("/blog/<int:blog_id>")
def blog_detail(blog_id):
    return "您查找的博客id为：%s"%blog_id
```

如果在浏览器中访问/blog/hello，将显示 Not Found，因为 hello 不能被转换为 int 类型，也就不会被匹配到这个 URL 了，所以会提示 URL 没有找到，如图 3-5 所示。

图 3-5　访问/blog/hello 失败

除了 int 类型以外，URL 中的参数还可以指定其他类型，如表 3-1 所示。

表 3-1　URL 中的参数类型

参 数 类 型	描　　述
string	字符串类型，可以接收除/以外的字符
int	整型，可以接收能通过 int()方法转换的字符
float	浮点类型，可以接收能通过 float()方法转换的字符
path	路径，类似 string，但是中间可以添加/
uuid	UUID 类型，由一组 32 位的十六进制数所构成
any	any 类型，指备选值中的任何一个

表 3-1 中的参数类型除了 any 以外，其他的都好理解。这里着重讲解参数类型 any 的使用。例如，现在要实现一个获取某个分类的博客列表，但是博客分类只能是 python、flask、django 之一，用 any 就可以轻松实现。

```
@app.route("/blog/list/<any(python,flask,django):category>")
def blog_list_with_category(category):
    return "您获取的博客分类为：%s"%category
```

在浏览器中访问/blog/list/python，因为博客分类 python 被包含在了备选值中，所以可以正常显示内容，如图 3-6 所示。

图 3-6　访问/blog/list/python

但是访问/blog/list/java，将会显示 Not Found，如图 3-7 所示。

图 3-7　访问/blog/list/java

参数选择什么类型，完全取决于视图函数对这个参数的期望，如果期望是整型，那就用 int；如果期望是字符串类型，那就用 string，其他亦然。

如果 URL 中需要传递多个参数，则只要用斜杠（/）分隔开来即可。如要获取一个某个用户的博客列表的 URL，则需要传递用户 id 和分页页码两个参数，相关代码如下。

```
@app.route("/blog/list/<int:user_id>/<int:page>")
def blog_list(user_id,page):
    return "您查找的用户为：%s，博客分页为：%s"%(user_id,page)
```

所以当需要获取用户 id 为 10、页码为 8 的博客列表数据时，可以通过访问/blog/list/10/8 来实现，如图 3-8 所示。

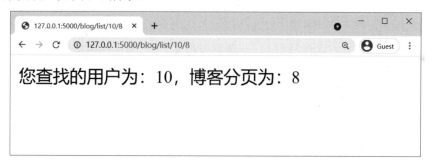

图 3-8　访问/blog/list/10/8

在定义 URL 时，总是会力求简洁，如以上描述的获取某个用户博客列表的 URL，默认情况下都是在第 1 页，这时如果能把 page 省略掉，不传这个参数，那么 URL 会变得更加简洁。代码可以修改为如下形式。

```
@app.route("/blog/list/<int:user_id>")
@app.route("/blog/list/<int:user_id>/<int:page>")
```

```
def blog_list(user_id,page=1):
    return "您查找的用户为：%s,博客分页为：%s"%(user_id,page)
```

通过以上代码可以看到，我们定义了两个 URL，第一个 URL 中没有 page 参数，但是 blog_list 视图函数的 page 形参有一个默认值为 1，这样当访问不带 page 参数的 URL 时，默认的 page 就是 1，从而简化了 URL 的使用，如图 3-9 所示。

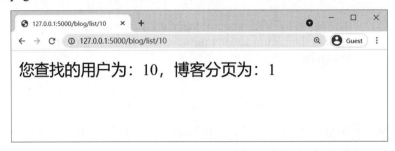

图 3-9　访问/blog/list/10

关于在 URL 中传递参数，还可以通过查询字符串的方式来实现，即在 URL 后面通过?（英文问号）把参数添加上去，如果有多个参数，则通过&进行拼接，规则如下。

`URL?参数名 1=参数值 1&参数名 2=参数值 2`

通过查询字符串的方式传递参数，参数先不需要在 URL 中定义好，只需要在访问 URL 时将参数传进来即可。下面还是以获取某个用户的博客列表为例，用查询字符串的方式传递参数，则可以通过以下 URL 来访问。

`/blog/list?user_id=10&page=8`

通过查询字符串的方式传递参数，不需要在定义 URL 和视图函数时提前定义好参数，参数可以通过 Flask 中的 request.args 对象获取，如以上获取某个用户博客列表的 URL，可以通过以下代码来实现。

```
from flask import Flask,request
...
@app.route("/blog/list")
def blog_list_query_str():
    user_id = request.args.get("user_id")
    page = request.args.get("page")
    return "您查找的用户为：%s,博客分页为：%s" % (user_id, page)
```

其中，request 是一个线程隔离的全局对象，request.args 是一个继承自 dict 的 werkzeug.datastructures.MultiDict 对象，保存了当前请求的查询字符串参数，并且被解析成以键-值对的形式存在，后面就可以通过字典的方式获取参数。接下来在浏览器中访问/blog/list?user_id=10&page=8，效果如图 3-10 所示。

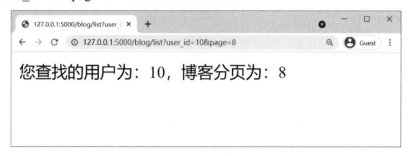

图 3-10　访问/blog/list?user_id=10&page=8

通过查询字符串的方式传递参数，参数是视图函数先规定好的，然后浏览器再按照规定传递。如以上代码中的视图函数是通过 user_id 这个键来获取用户的 id，如果前端传的键不是 user_id，那么视图函数将获取不到用户 id，从而导致数据获取失败。关于数据获取失败后如何处理，后续章节会详细讲解。

在 URL 中定义参数和查询字符串虽然都能传递参数，但还是有些区别。在 URL 中定义参数是将参数嵌入 URL，实际上已经成为 URL 的一部分；而查询字符串是 HTTP 协议层面用于传递参数的技术，后面学到获取 POST 请求参数时，读者会有更深的理解。这两种方式各有利弊，下面做了简单的总结，读者在开发网站时可自行衡量。

- ☑ 在 URL 中定义参数再传递参数比通过查询字符串的方式传递参数会更利于 SEO 优化，能更好地被搜索引擎收录和检索。如 CSDN 博客网站（blog.csdn.net）的博客详情页面的博客 id 就是通过在 URL 中定义参数再传递参数的。简书网站（www.jianshu.com）的文章详情，也同样用的是在 URL 中定义参数的方式传递文章 id 的。这两个网站的 SEO 优化做的都是非常不错的。
- ☑ 在 URL 中定义参数可以做好类型约束，不会让错误类型的数据匹配进 URL，从而提高了程序的健壮性。
- ☑ 通过查询字符串的方式传递参数更加灵活，不需要修改 URL，也方便随时添加或者修改参数。

3.2　HTTP 请求方法

在 HTTP 协议中，请求 URL 有不同的方法（method），不同的请求方法有不同的应用场景，下面先来了解有哪些 HTTP 请求方法以及使用方法，如表 3-2 所示。

表 3-2 HTTP 请求方法及使用方法

请求方法	描述
GET	从服务器获取资源。在浏览器中输入网址访问默认用的 GET 请求
POST	提交资源到服务器。如提交表单或者上传文件，一般用于创建新资源或者修改已有的资源
HEAD	类似于 GET 请求。响应体中不包含具体的内容，用于获取消息头
DELETE	请求服务器删除资源
PUT	请求服务器替换或者修改已有的资源
OPTIONS	请求服务器返回某个资源所支持的所有 HTTP 请求方法。如 AJAX 跨域请求常用 OPTIONS 方法发送嗅探请求，来判断是否有对某个资源访问的权限
PATCH	与 PUT 方法类似，但是 PATCH 方法一般用于局部资源更新，PUT 方法用于整个资源的替换

表 3-2 列举的 HTTP 请求方法，可以根据不同的场景选择不同的方法。如请求某个 URL 时，要获取数据，就用 GET 方法；要删除服务器数据，就用 DELETE 方法；要往服务器添加数据，就用 POST 方法。其他亦然。

在 Flask 项目中使用 app.route 装饰器定义 URL 时，默认用的是 GET 请求，而在浏览器中，在地址栏中输入一个 URL 并进行访问，默认也是 GET 请求，所以可以正常访问。如果想更改 URL 的请求方法，可以在定义 URL 时，给 app.route 设置 methods 参数，示例代码如下：

```
@app.route("/blog/add",methods=['POST'])
def blog_add():
    return "使用 POST 方法添加博客"
```

通过以上代码可以看到，在 app.route 中通过给 methods 参数赋值一个列表，并且列表中只有一个 POST 参数，来限制/blog/add 这个 URL 只能通过 POST 方法进行访问。如在浏览器中访问/blog/add，会显示错误信息"Method Not Allowed"，如图 3-11 所示。

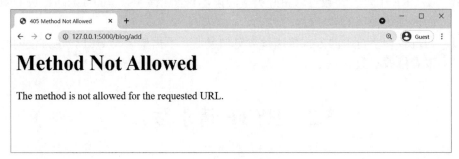

图 3-11 显示错误信息

如果需要一个 URL 既可以通过 GET 方法请求访问，也可以通过 POST 方法请求访问，那么可以给 methods 方法添加 GET 和 POST 参数，示例代码如下。

```
@app.route("/blog/add/post/get",methods=['POST','GET'])
def blog_add_post_get():
    if request.method == 'GET':
        return "使用 GET 方法添加博客"
    else:
        return "使用 POST 方法添加博客"
```

因为/blog/add/post/get 同时支持 GET 和 POST 请求方法，所以在浏览器中访问/blog/add/post/get 时也可以访问到页面，如图 3-12 所示。

图 3-12　URL 同时支持 GET 和 POST

Flask 从 2.0 版本开始，添加了 5 个快捷路由装饰器。如 app.post 表示定义的 URL 只接收 POST 请求。5 个快捷路由装饰器如表 3-3 所示。

表 3-3　快捷路由装饰器

快捷路由装饰器	描　　述
app.get("/login")	等价于 app.route("/login",methods=['GET'])
app.post("/login")	等价于 app.route("/login",methods=['POST'])
app.put("/login")	等价于 app.route("/login",methods=['PUT'])
app.delete("/login")	等价于 app.route("/login",methods=['DELETE'])
app.patch("/login")	等价于 app.route("/login",methods=['PATCH'])

3.3　页面重定向

页面重定向，下文简称重定向。重定向在页面中体现的操作是，浏览器会从一个页面自动跳转到另外一个页面。例如，用户访问了一个需要权限的页面，但是该用户当前并没有登录，因此重定向到登录页面。重定向分为永久性重定向和暂时性重定向，以下是相关介绍。

- ☑ 永久性重定向：HTTP 的状态码是 301，多用于旧网址已被废弃，要转到一个新的网址，确保用户正常的访问。最经典的就是京东网站的案例，在使用 www.jd.com 域名之前有过许多其他域名，如 www.360buy.com、www.jingdong.com，在这两个域名没有被废弃之前，当用户在浏览器中输入这两个域名时，会自动跳转到 www.jd.com，因为这两个域名以后要被废弃了，所以在这种情况下应该使用永久性重定向。
- ☑ 暂时性重定向：HTTP 的状态码是 302，表示页面的暂时性跳转。如访问一个需要权限的网址，但是当前用户没有登录，这时候就应该重定向到登录页面，并且是暂时性的重定向。

在 Flask 中，重定向是通过 flask.redirect(location,code=302)函数来实现的，其中 location 表示需要重定向到哪个 URL，code 代表状态码，默认是 302，即暂时性重定向。下面用一个简单的案例来说明这个函数的用法。

```python
from flask import Flask,url_for,redirect

app = Flask(__name__)

@app.route('/login')
def login():
    return 'login page'

@app.route('/profile')
def profile():
    name = request.args.get('name')

    if not name:
        # 如果没有name，说明没有登录，重定向到登录页面
        return redirect("/login")
    else:
        return name
```

从以上代码可看出，在访问/profile 时，如果没有通过查询字符串的方式传递 name 参数，那么就会被重定向到/login。如访问/profile?name=admin 可以看到，浏览器中显示 admin，但是如果直接访问/profile，就会被重定向到/login。读者可自行尝试。

3.4 构造 URL

在 3.3 节中执行 redirect("/login")函数，让页面跳转到登录页面，这里是直接把/login

这个 URL 硬编码进去的，对于项目健壮性不太友好，更好的方式应该是通过 url_for 函数来动态地构造 URL。url_for 接收视图函数名作为第 1 个参数，以及其他 URL 定义时的参数，如果还添加了其他参数，则会添加到 URL 的后面作为查询字符串参数。这里以博客详情的 URL 为例来讲解 url_for 函数的使用，示例代码如下。

```
@app.route("/blog/<int:blog_id>")
def blog_detail(blog_id):
    return "您查找的博客id为：%s"%blog_id

@app.route("/urlfor")
def get_url_for():
    url = url_for("blog_detail",blog_id=2,user="admin")
    return url
```

在 get_url_for 视图函数中使用了 url_for 函数，把函数名 blog_detail 作为第 1 个参数，因为 blog_detail 的 URL 需要接收一个 blog_id 参数，因此把 blog_id 也传给了 url_for 函数。除此之外，还添加了一个 user 参数，因为 user 参数不是必需的，所以在构建成 URL 后，会把 user 作为查询字符串参数拼接上去。在浏览器中访问/urlfor，可以看到如图 3-13 所示的效果。

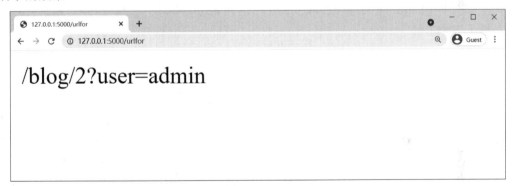

图 3-13　访问/urlfor

相比在代码中硬编码 URL，使用 url_for 函数来动态地构建 URL 有以下两点好处。
- ☑ URL 是对外的，可能会经常变化，但是视图函数不会经常变化。如果直接把 URL 硬编码，若后期 URL 改变了，凡是硬编码了这个 URL 的代码都需要修改，费时费力。
- ☑ URL 在网络之间通信的过程中，需要把一些特殊字符包括中文等进行编码，如 URL 中包含了特殊字符，用 url_for 函数会自动进行编码，省时省力。

第 4 章 Jinja2 模板

前面章节中的视图函数返回的都是一个字符串，而在实际网站开发中，为了让网页更加美观，需要渲染一个有富文本标签的页面，通常包含大量的 HTML 代码，如果把这些 HTML 代码用字符串的形式写在视图函数中，后期的代码维护将变成一场噩梦。因此，在 Flask 中，渲染 HTML 通常会交给模板引擎来实现，而 Flask 中默认配套的模板引擎是 Jinja2，Jinja2 是一个高效、可扩展的模板引擎。Jinja2 可以独立于 Flask 使用，如被 Django 使用。

Jinja2 目前最新版本是 3.0.2，官方文档请参考 https://jinja.palletsprojects.com/en/3.0.x/。

本章用 PyCharm Professional 版创建一个名叫 chapter04 的项目，后续的知识点讲解都是基于这个项目。

4.1 模板的基本使用

4.1.1 渲染模板

在使用 PyCharm Professional 版创建完一个 Flask 项目后，默认会生成一个 templates 文件夹，如果没有修改模板查找路径，默认会在这个文件夹下寻找模板文件。模板文件可以是任意纯文本格式的文件，如 TXT、HTML、XML 等，但是为了让项目更规范，也为了与前端开发者更无缝地协作，一般都是用 HTML 文件来写模板代码。

> **注意**
> 如果读者用的是非 PyCharm Professional 版创建的 Flask 项目，则可以手动创建 templates 文件夹。

首先在 templates 文件夹下创建 index.html 文件，然后输入以下代码。

```html
<!DOCTYPE html>
<html lang="en">
<head>
  <meta charset="UTF-8">
  <title>首页</title>
</head>
<body>
<h1>这是首页</h1>
</body>
</html>
```

接下来在视图函数中使用 render_template 函数渲染 index.html 模板。在 app.py 中，将原来的 hello_world 视图函数修改为以下代码。

```python
from flask import Flask,render_template
...
@app.route('/')
def index():
    return render_template("index.html")
```

render_template 默认会从当前项目的 templates 文件夹下寻找 index.html 文件，读取后进行解析，再渲染成 HTML 代码返回给浏览器。在浏览器中访问 http://127.0.0.1:5000，可以看到如图 4-1 所示的效果。

图 4-1　首页渲染模板代码

从图 4-1 中可以看到，"这是首页" 4 个字已经是一级标题了，原因是模板中给"这是首页" 4 个字外面套了一个 h1 标签，至此我们就完成了一个最简单的模板渲染。

如果想修改模板文件的查找地址，可以在创建 app 时，给 Flask 类传递一个关键字参数 template_folder 指定具体路径，示例代码如下。

```python
app=Flask(__name__,template_folder=r"E:\flask_fullstack\demo04\mytemplates")
```

如此操作以后，Flask 在寻找模板文件时，就不再从当前项目下的 templates 文件夹寻找了，而是从 template_folder 指定的路径寻找。项目在 Debug 模式开启的前提下再访问 http://127.0.0.1:5000，会出现如图 4-2 所示的错误。

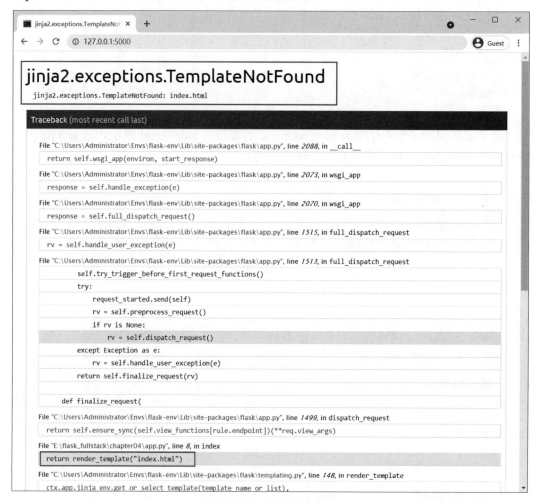

图 4-2　模板没有找到

模板没有找到的原因是，在 template_folder 指定的文件夹下不存在一个叫作 index.html 的模板，如果想要解决此问题，只需要把 templates 文件夹下的 index.html 复制到 template_folder 指定的文件夹下即可。

4.1.2　渲染变量

HTML 文件中的有些数据是需要动态地从数据库中加载的，不能直接在 HTML 中写死。一般的做法是，在视图函数中把数据先提取好，然后使用 render_template 渲染模板时传给模板，模板再读取并渲染出来。下面新建一个 URL 与视图函数映射，示例代码如下。

```python
@app.route("/variable")
def variable():
    hobby = "游戏"
    return render_template("variable.html",hobby=hobby)
```

以上代码中渲染了一个 variable.html 模板，这个模板文件的创建接下来会具体讲解。除模板名称外，还给 render_template 传递了一个 hobby 关键字参数，后续在模板中就可以使用这个变量了。

现在再在 templates 文件夹下创建一个 variable.html 模板文件（注意：要记得先删掉 template_folder 参数），然后输入以下代码。

```html
<!DOCTYPE html>
<html lang="en">
<head>
  <meta charset="UTF-8">
  <title>变量使用</title>
</head>
<body>
  <h1>我的兴趣爱好是：{{ hobby }}</h1>
</body>
</html>
```

从以上代码中可以看到，把变量放到两对花括号中即可使用变量。项目运行起来后，在浏览器中访问 http://127.0.0.1:5000/variable，效果如图 4-3 所示。

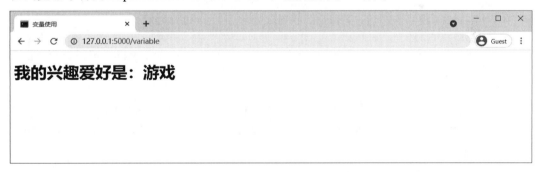

图 4-3　变量使用

图 4-3 中的文字"游戏"是从视图函数中通过 render_template 传过去的，并不是在 HTML 中写死的，所以变量的使用可以让同一个 HTML 模板渲染无数个不同的页面。

字典的键和对象的属性在模板中都可以通过点（.）的形式访问。在 variable 这个视图函数中添加两个新的变量，分别是字典类型的 person，以及类对象类型的 user。示例代码如下。

```
class User:
    def __init__(self,username,email):
        self.username = username
        self.email = email

@app.route("/variable")
def variable():
    hobby = "游戏"
    person = {
        "name": "张三",
        "age": 18
    }
    user = User("李四","xx@qq.com")
    return render_template("variable.html",hobby=hobby,person=person,user=user)
```

接下来，再在 variable.html 模板中通过点（.）的形式访问 person 的键和 user 属性。代码如下。

```
<!DOCTYPE html>
<html lang="en">
<head>
  <meta charset="UTF-8">
  <title>变量使用</title>
</head>
<body>
    <h1>我的兴趣爱好是：{{ hobby }}</h1>
    <p>person 的姓名是：{{ person.name }}，person 的年龄是：{{ person.age }}</p>
    <p>user 的用户名是：{{ user.name }}，user 的邮箱是：{{ user.email }}</p>
</body>
</html>
```

在浏览器中重新访问 http://127.0.0.1:5000/variable，效果如图 4-4 所示。

字典键和对象的属性也都可以通过中括号的形式获取，如以下代码实际上是等价的。

```
{{ user.name }}
{{ user["name"] }}
```

读者可以自行修改 variable.html 中获取键和属性值的方式，最终效果是一样的。用点和中括号的形式访问，虽然效果一样，但是也存在以下不同。

图 4-4　模板中通过点渲染字典和对象

（1）在模板中有一个变量的使用方式为 foo.bar，那么在 Jinja2 中则按以下方式进行访问。

- ☑ 通过 getattr(foo, 'bar')访问，先访问这个对象的属性。
- ☑ 如果没有找到，就通过 foo.__getitem__("bar")方式访问，即访问这个对象的键。
- ☑ 如果以上两种方式都没有找到，返回一个 undefined 对象。

（2）在模板中有一个变量的使用方式为 foo["bar"]，那么在 Jinja2 中则按以下方式进行访问。

- ☑ 通过 foo.__getitem__("bar")方式访问，即先访问这个对象的键。
- ☑ 如果没有找到，就通过 getattr(foo, "bar")方式访问，即访问这个对象的属性。
- ☑ 如果以上都没找到，则返回一个 undefined 对象。

以上案例中，传递了 3 个变量到模板中，在变量比较多的情况，首先可以把所有的变量存放到字典中，然后在给 render_template 传递参数时使用**语法，将字典变成关键字参数，以上的 variable 视图函数代码可以改写为以下形式。

```python
@app.route("/variable")
def variable():
    hobby = "游戏"
    person = {
        "name": "张三",
        "age": 18
    }
    user = User("李四","xx@qq.com")
    context = {
        "hobby": hobby,
        "person": person,
        "user": user
    }
    return render_template("variable.html",**context)
```

以上代码的写法更加直观和简洁，在遇到需要传给模板的变量比较多的情况，都推荐使用这种方式。

4.2 过滤器和测试器

在 Python 中，如果需要对某个变量进行处理，可以通过函数来实现，而在模板中，则是通过过滤器来实现的。过滤器本质上也是函数，但是在模板中使用的方式是通过管道符号（|）来调用的。例如，有一个字符串类型的变量 name，要获取它的长度，可以通过{{ name|length }}来获取，Jinja2 会把 name 当作第 1 个参数传给 length 过滤器底层对应的函数。length 是 Jinja2 内置好的过滤器，Jinja2 中内置了许多好用的过滤器，如果内置的过滤器不能满足需求，还可以自定义过滤器。下面先来学习如何自定义过滤器，读者明白了过滤器的原理后，再去学习 Jinja2 内置的过滤器就会更加得心应手了。

4.2.1 自定义过滤器

过滤器本质上是 Python 的函数，它会把被过滤的值当作第 1 个参数传给这个函数，函数经过一些逻辑处理后，再返回新的值。过滤器函数写好后可以通过@app.template_filter 装饰器或者 app.add_template_filter 函数把函数注册成 Jinja2 能用的过滤器。这里以注册一个时间格式化的过滤器为例，来说明自定义过滤器的方法，示例代码如下。

```
def datetime_format(value, format="%Y-%d-%m %H:%M"):
    return value.strftime(format)

app.add_template_filter(datetime_format,"dformat")
```

在上面代码中定义了一个 datetime_format 函数，第 1 个参数是需要被处理的值，第 2 个参数是时间的格式，并且指定了一个默认值。下面通过 app.add_template_filter 将 datetime_format 函数注册成了过滤器，过滤器的名字叫作 dformat。那么以后在模板文件中，就可以按如下方式使用了。

```
{{ article.pub_date|dformat }}
{{ article.pub_date|dformat("%B %Y") }}
```

如果 app.add_template_filter 没有传第 2 个参数，那么默认将使用函数的名称作为过滤器的名称。如以上注册过滤器代码可以改成以下代码。

```
...
app.add_template_filter(datetime_format)
```

在模板中则按以下方式使用。

```
{{ article.pub_date|datetime_format }}
...
```

当然，也可以通过@app.template_filter装饰器在函数定义时，就将它注册成过滤器。如以上的 datetime_format 函数，可以改写为如下形式。

```
@app.template_filter("dformat")
def datetime_format(value, format="%Y-%d-%m %H:%M"):
    return value.strftime(format)
```

datetime_format 被@app.template_filter 装饰后，就会自动被注册进 Jinja2 的过滤器中，并且@app.template_filter 中的参数即为自定义过滤器的名称，如果不传参数，也会自动使用函数名称作为过滤器的名称。

4.2.2 Jinja2 内置过滤器

在理解了 Jinja2 过滤器的原理后，再来学习 Jinja2 中内置过滤器，读者无须全部记住这些过滤器，只需在使用的时候翻阅本书或者阅读 Jinja2 官方文档 https://jinja.palletsprojects.com/en/3.0.x/templates/#builtin-filters 即可，用的次数多了自然会记住。

Jinja2 中内置过滤器如下。

（1）abs(value)：获取 value 的绝对值。

（2）default(value,default_value,boolean=False)：如果 value 没有定义，则返回第 2 个参数 default_value。如果要让 value 在被判断为 False 的情况下使用 default_value，则应该将后面的 boolean 参数设置为 False。先看以下示例。

```
<div>default 过滤器：{{ user|default('admin') }}</div>
```

如果 user 没有定义，那么将会使用 admin 作为默认的值。再看以下示例。

```
<div>default 过滤器：{{ ""|default('admin',boolean=True) }}</div>
```

因为""（空字符串）在使用 if 判断时，返回的是 False，这时如果要使用默认值 admin，就必须加上 boolean=True 参数。

（3）escape(value)：将一些特殊字符，如&、<、>、"、'进行转义。因为 Jinja2 默认开启了全局转义，所以在大部分情况下无须手动使用这个过滤器去转义，只有在关闭了转义的情况下，会需要使用到它。

（4）filesizeformat(value,binary=False)：将值格式化成方便阅读的单位。如 13KB、

4.1MB、102Bytes 等。默认是 Mega、Giga，也就是每个相邻单位换算是 1000 倍。如果第 2 个参数设置为 True，那么相邻单位换算是 1024 倍。

（5）first(value)：返回 value 序列的第 1 个元素。

（6）float(value,default=0.0)：将 value 转换为浮点类型，如果转换失败会返回 0.0。

（7）format(value,*args,**kwargs)：格式化字符串，示例代码如下。

```
{{ "%s,%s"|format(greeting,name) }}
```

（8）groupby(value,attribute,default=None)：value 是一个序列，可以使用参数 attribute 进行分组。例如，有一个 users 列表，里面的 user 都有一个 city 属性，如果要按照 city 进行分组，则可以使用以下代码实现。

```
<ul>
{% for group in users|groupby("city") %}
  <li>{{ group.grouper }}: {{ group.list|join(", ") }}</li>
{% endfor %}
</ul>
```

（9）int(value,default=0,base=10)：转换为整型，如果转换失败会返回 0，并且默认按照十进制转换。

（10）join(value,attribute)：使用 attribute 指定的元素，将一个序列拼接成一个字符串。与 Python 中的 join 方法类似。

（11）last(value)：返回 value 序列的最后一个元素。

（12）length(value)：返回 value 序列的长度。

（13）list(value)：转换 value 为一个列表。

（14）lower(value)：将 value 全部转换为小写。

如要将 titles 序列中每个元素的值都变成小写形式，那么可以使用以下代码实现。

```
{{ titles|map('lower')}}
```

（15）map(value,*args,**kwargs)：将 value 这个序列都执行某个操作。如获取 users 这个序列中每个 user 的 username 字段。可以通过以下代码实现。

```
{{ users|map(attribute='username') }}
```

（16）max(value)：求序列中的最大值。

（17）min(value)：求序列中的最小值。

（18）random(value)：返回 value 这个序列中的一个随机值。

（19）reject(value,*args,**kwargs)：过滤 value 这个序列中的一些元素，过滤的条件通过后面的参数给定。如要过滤列表中所有的奇数，可以把 Jinja2 中内置的 odd 过滤器传给 reject 过滤器来实现，代码如下。

```
{{ numbers|reject ('odd') }}
```

（20）rejectattr(value,*args,**kwargs)：根据 value 序列中元素的某个属性进行过滤。只要这个属性满足条件，那么就会被过滤掉，示例代码如下。

```
{{ users|rejectattr("is_active") }}
{{ users|rejectattr("email", "none") }}
```

上面第 1 行代码是过滤 users 中 is_active 为 True 的对象，第 2 行代码是过滤 users 中 email 为 none 的对象。

（21）replace(value,old,new,count)：将字符串 value 中的 old 替换为 new，并且可以通过 count 来确定替换多少个。与 Python 中字符串的 replace 方法用法一致。

（22）reverse(value)：将 value 这个序列逆序。

（23）safe(value)：在渲染 value 时，关闭自动转义。如以下代码所示。

```
<div>safe 过滤器：{{ "<p style='background-color: red;'>中国</p>"|safe }}</div>
```

因为加了 safe 过滤器，就不会对前面的字符串进行转义，前面的字符串就会被当成 HTML 代码嵌入网页，从而看到一个红色的背景，背景中显示"中国"两个文字。

（24）select(value,*args,**kwargs)：选择 value 序列中满足条件的元素，与 reject 正好相反。

（25）selectattr(value,*args,**kwargs)：根据 value 序列中元素的某个属性进行过滤，留下满足条件的，过滤掉不满足条件的，与 rejectattr 正好相反。

（26）sort(value,reverse=False,case_sensitive=False,attribute=None)：将 value 这个序列进行排序，底层用的是 Python 的 sorted 函数，reverse 代表是否逆向排序，case_sensitive 代表是否忽略大小写，attribute 代表根据 value 序列中元素的某个属性排序。

（27）string(value)：将 value 转换为字符串类型。

（28）striptags(value)：将字符串 value 中的 HTML 标签去除，留下文本内容。

（29）tojson(value)：将 value 转换为 JSON 格式的字符串。

（30）trim(value)：删除 value 前面和后面的空白字符（空格）。

（31）truncate(value,length=255,killwords=False,end="...")：将字符串 value 进行截取，length 代表保留多少个字符，killwords 代表在截取字符串时是否要裁剪单词，end 代表末尾的结束字符。这在文章简介、个人简介等只需要显示一部分字符的场景下非常有用。

（32）unique(value,case_sensitive=False,attribute=None)：将 value 序列中的重复元素

删除。case_sensitive 代表是否忽略大小写，attribute 代表使用 value 序列中元素的某个属性。

（33）upper(value)：将 value 所有字符全部转换为大写。

（34）urlencode(value)：如果 value 是字符串，那么底层会调用 Python 的 urllib.parse.quote；如果 value 是字典，那么底层会调用 Python 的 urllib.parse.urlencode。

（35）urlize(value,trim_url_limit=None,nofollow=False,target=None,rel=None,extra_schemes=None)：将 value 变成可以单击的链接，如 URL 和邮箱。注意：value 必须是以 http://、https://、www.、mailto 开头的字符串。

（36）wordcount(value)：统计 value 中共有多少个单词。

（37）xmlattr(value,autospace=True)：value 为一个字典，根据这个字典创建一个 xml 格式的属性，示例代码如下。

```
<ul{{ {'class': 'my_list', 'missing': none,
      'id': 'list-%d'|format(variable)}|xmlattr }}>
...
</ul>
```

过滤器可以嵌套使用，如以下代码所示。

```
{{ titles|map("lower")|join(",") }}
```

在解析模板时，会先将 titles 传给 map 过滤器处理，得到结果后再传给 join 过滤器。

4.2.3 测试器

测试器用来测试某些元素是否满足某个条件，如测试一个变量是否是字符串、测试一个变量能否被调用等。以下代码通过演示 defined 测试器，来讲解测试器的使用。

```
{% if user is defined %}
   user 定义了：{{ user }}
{% else %}
   user 没有定义
{% endif %}
```

可以看到，测试器是通过 if…is…来使用的，if 后面是被测试的对象，is 后面是测试器。除了 defined 测试器，Jinja2 还提供了如表 4-1 所示的测试器。

表 4-1 测试器

测 试 器	描 述
boolean	是否为布尔类型
callable	是否能被调用

续表

测 试 器	描 述
defined	是否定义
divisibleby	是否能被某个数整除
eq	是否和另外一个值相等
escaped	是否已经被转义
even	是否为偶数
false	是否为 False
filter	是否为过滤器
float	是否为浮点类型
ge	是否大于或等于某个数
gt	是否大于某个数
in	是否在某个序列中，与 Python 中的 in 语法类似
integer	是否为整型
iterable	是否为可迭代类型
le	是否小于或等于某个数
lower	是否全部为小写
lt	是否小于某个数
mapping	是否为一个 mapping 对象（如字典）
ne	是否不等于某个数
none	是否为 None
number	是否为数值类型
odd	是否为奇数
sameas	是否在内存中和另外一个对象是一样的
sequence	是否为序列（如列表、元组）
string	是否为字符串
test	是否为一个测试器
true	是否为 True
undefined	是否没有定义
upper	是否全部为大写

表 4-1 所示的测试器是 Jinja2 模板中内置的所有测试器，与过滤器的学习方式一样，读者可先简单阅读，无须强记，在需要使用时再翻阅 Jinja2 内置测试器的官方文档 https://jinja.palletsprojects.com/en/3.0.x/templates/#list-of-builtin-tests 即可。

4.3 控制语句

在模板中，也存在 if 判断和 for 循环等控制语句。所有的控制语句都是放在{% %}中间的，并且在控制语句结束后，要加入相应的结束语句。下面对 if 判断语句和 for 循环语句分别进行讲解。

4.3.1 if 判断语句

Jinja2 中的 if 判断语句和 Python 中的 if 判断语句非常类似，可以使用关系运算符>、<、>=、<=、==、!=来进行判断，也可以通过 and、or、not 来进行逻辑操作。我们首先创建一个视图函数 if_statement，代码如下。

```python
@app.route("/if")
def if_statement():
    age = 18
    return render_template("if.html",age=age)
```

以上代码定义了一个 age 变量，并且把这个 age 传给了 if.html 模板。在 if.html 模板中，可以根据 age 的大小判断是否成年。if.html 模板的代码如下。

```html
<!DOCTYPE html>
<html lang="en">
<head>
  <meta charset="UTF-8">
  <title>if 语句</title>
</head>
<body>
{% if age > 18 %}
    <div>您已成年！</div>
{% elif age < 18 %}
    <div>您未成年！</div>
{% else %}
    <div>您刚成年！</div>
{% endif %}
</body>
</html>
```

因为在视图函数中给 age 赋值为 18，所以在模板中会匹配到以下代码。

```html
<div>您刚成年！</div>
```

在浏览器中访问 http://127.0.0.1:5000/if，也可以看到显示的是"您刚成年！"，如图 4-5 所示。

图 4-5　模板中使用 if 判断语句

仔细阅读 if.html 模板代码可以发现，在 if 语句结束后，需要添加 endif 关闭 if 代码块，这跟 Python 中的用法是有点不同。

> Jinja2 中的代码缩进只是为了更加方便阅读，任何缩进都不是必需的。

4.3.2　for 循环语句

Jinja2 中的 for 循环与 Python 中的 for 循环也非常类似，Jinja2 中的 for 循环只是比 Python 中的 for 循环多了一个 endfor 代码块。我们先来实现一下视图函数 for_statement，代码如下。

```
@app.route("/for")
def for_statement():
    books = [{
        "name": "三国演义",
        "author": "罗贯中",
        "price": 100
    },{
        "name": "水浒传",
        "author": "施耐庵",
        "price": 99
    },{
        "name": "红楼梦",
```

```
            "author": "曹雪芹",
            "price": 101
    },{
            "name": "西游记",
            "author": "吴承恩",
            "price": 102
    }]
    return render_template("for.html",books=books)
```

在 for_statement 视图函数中，首先创建了一个 books 变量，books 是一个列表，里面存放的是图书信息的字典，然后渲染给 for.html 模板。接下来在模板文件中循环这个列表，代码如下。

```
<!DOCTYPE html>
<html lang="en">
<head>
  <meta charset="UTF-8">
  <title>for 循环</title>
</head>
<body>
  <table>
    <thead>
      <tr>
        <th>书名</th>
        <th>作者</th>
        <th>价格</th>
      </tr>
    </thead>
    <tbody>
      {% for book in books %}
        <tr>
          <td>{{ book.name }}</td>
          <td>{{ book.author }}</td>
          <td>{{ book.price }}</td>
        </tr>
      {% endfor %}
    </tbody>
  </table>
</body>
</html>
```

因为在 table 表格标签中，一个 tr 标签代表表格中的一行，所以在 tr 外面加了一个 for 循环，去循环这个 books 列表。在 tr 下面，一个 td 代表一列，每列从 book 中获取对应的数据，分别是书名、作者、价格。在浏览器中访问 http://127.0.0.1:5000/for，显示结果如图 4-6 所示。

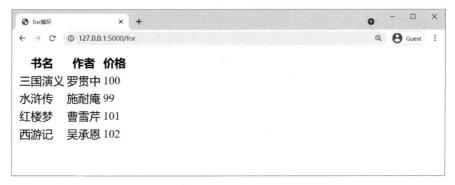

图 4-6　Jinja2 for 循环

如果被循环的序列（如以上代码中的 books）中没有元素，那么可以使用 else 来处理。通常我们在浏览网页时，如果某个网页没有数据，则会显示"无数据"。我们在以上代码中的 for.html 模板加上 else，来实现一个类似的需求，代码如下。

```
...
{% for book in books %}
  <tr>
    <td>{{ book.name }}</td>
    <td>{{ book.author }}</td>
    <td>{{ book.price }}</td>
  </tr>
{% else %}
  <tr>
    <td colspan="3" style="text-align: center;">无数据</td>
  </tr>
{% endfor %}
...
```

在 books 中无数据的情况下，会执行到 else 中，可以将 for_statement 视图函数的 books 修改为一个空的列表，代码如下。

```
@app.route("/for")
def for_statement():
    books = []
    return render_template("for.html",books=books)
```

此时再在浏览器中访问 http://127.0.0.1:5000/for，可以看到页面会显示"无数据"，如图 4-7 所示。

图 4-7 显示页面无数据

Jinja2 中的 for 循环中还内置了许多好用的变量。如要获取当前循环到第几次了，可以通过 loop.index 来实现。我们还是以 for_statement 视图函数为例，首先将 books 变量恢复成以下形式。

```
books = [{
    "name": "三国演义",
    "author": "罗贯中",
    "price": 100
},{
    "name": "水浒传",
    "author": "施耐庵",
    "price": 99
},{
    "name": "红楼梦",
    "author": "曹雪芹",
    "price": 101
},{
    "name": "西游记",
    "author": "吴承恩",
    "price": 102
}]
```

然后在 for.html 模板中给图书表格新增一个名为序号的列，用 loop.index 来显示每行的序号，修改后的 for.html 模板中的 table 代码如下。

```
<table>
  <thead>
    <tr>
      <th>序号</th>
      <th>书名</th>
      <th>作者</th>
```

```html
      <th>价格</th>
    </tr>
  </thead>
  <tbody>
    {% for book in books %}
    <tr>
      <td>{{ loop.index }}</td>
      <td>{{ book.name }}</td>
      <td>{{ book.author }}</td>
      <td>{{ book.price }}</td>
    </tr>
    {% else %}
    <tr>
      <td colspan="3" style="text-align: center;">无数据</td>
    </tr>
    {% endfor %}
  </tbody>
</table>
```

通过以上代码可以看到，在 thead 标签中新增了一个叫作序号的表头，tbody 中新增了一个叫作 loop.index 列，loop.index 在每次循环时，会显示当前循环的次数，即代表第几行。在浏览器中访问 http://127.0.0.1:5000/for，可以看到如图 4-8 所示的效果图。

图 4-8 带有序号的循环

除 loop.index 外，Jinja2 中的 for 循环中还提供了如表 4-2 所示的变量。

表 4-2 for 循环中的变量

变量	描述
loop.index	当前迭代的序号，从 1 开始
loop.index0	当前迭代的序号，从 0 开始
loop.revindex	当前迭代的逆向序号（最后一次为 1，倒数第二次为 2，以此类推），从 1 开始

续表

变 量	描 述
loop.revindex0	当前迭代的逆向序号（最后一次为0，倒数第二次为1，以此类推），从0开始
loop.first	判断当前是否是第一次迭代
loop.last	判断当前是否是最后一次迭代
loop.length	序列的长度
loop.cycle	和外层的循环一起循环某个序列
loop.depth	在多层循环中，指示当前是在第几层循环，从1开始
loop.depth0	在多层循环中，指示当前是在第几层循环，从0开始
loop.previtem	当前迭代的上一个元素。如果当前迭代是第一次迭代，这个变量会返回undefined对象
loop.nextitem	当前迭代的下一个元素。如果当前迭代是最后一次迭代，这个变量会返回undefined对象
loop.changed	判断当前元素的某个值是否和上一次迭代一样，如果不一样，返回True，否则返回False

表4-2中的13个变量中，只有loop.cycle和loop.changed是函数，其余都是变量。这里再做两个案例来讲解loop.cycle和loop.changed的用法。

（1）loop.cycle：假设现在有一个需求，需要针对table标签中行号为奇数的tr标签添加odd类，行号为偶数的tr标签添加even类，可以通过以下代码实现。

```
{% for book in books %}
    <tr class="{{ loop.cycle('odd', 'even') }}">
    <td>{{ loop.index }}</td>
    <td>{{ book.name }}</td>
    <td>{{ book.author }}</td>
    <td>{{ book.price }}</td>
    </tr>
{% endfor %}
```

在循环books的过程中，loop.cycle也会不断地在odd和even两个变量中循环，从而实现奇数使用odd类，偶数使用even类。

（2）loop.changed：假设现在想要知道当前循环的book.name是否和上次循环的一致，可以通过loop.changed实现，代码如下。

```
{% for book in books %}
    <tr>
    <td>{{ loop.index }}</td>
    <td>{{ book.name }}</td>
    <td>{{ book.author }}</td>
```

```
      <td>{{ book.price }}</td>
      <td>{{ loop.changed(book.name) }}</td>
    </tr>
{% endfor %}
```

Jinja2 模板的 for 循环不存在 break 和 continue 来中断循环的语句,这一点是和 Python 中的 for 循环最大的区别,另外 Jinja2 中只有 for 循环,不存在 while 循环,读者在使用时尤其要注意这两点。

4.4 模板结构

Jinja2 比传统 HTML 拥有更加强大的功能,其中一个就表现在代码模块化上。HTML 除了通过 iframe 标签在浏览器端动态加载其他网页,几乎不具备任何代码模块化的能力。而 Jinja2 则可以通过宏、模板继承、引入模板等方式实现代码模块化,下面分别进行讲解。

4.4.1 宏和 import 语句

模板中的宏与 Python 中的函数类似,可以传递参数,但是不能有返回值。可以将一些常用的代码片段放到宏中,然后把一些不固定的值抽取出来当成一个参数,下面用一个例子来阐述宏的用法。

```
{% macro input(name,value=", type='text') %}
  <input type="{{ type }}" value="{{ value|escape }}" name="{{ name }}">
{% endmacro %}
```

以上代码通过 macro 标签创建了一个叫作 input 的宏,这个宏接收两个参数,分别是 name 和 type。以后在创建 input 标签时,可以通过以下代码快速创建。

```
<div>{{ input('username') }}</div>
<div>{{ input('password', type='password') }}</div>
```

在实际的开发工作中,经常会将一些常用的宏单独放到一个文件中,在需要使用时再从这个文件进行导入。导入使用的是 import 语句,import 语句的用法与 Python 中的 import 类似,形式可以直接是 import…as…,也可以是 from…import…,或者是 from…import…as…。下面先创建一个 forms.html,然后添加以下代码。

```
{% macro input(name, value='', type='text') %}
  <input type="{{ type }}" value="{{ value|escape }}" name="{{ name }}">
```

```
{% endmacro %}

{% macro textarea(name, value='', rows=10, cols=40) %}
  <textarea name="{{ name }}" rows="{{ rows }}" cols="{{ cols 
}}">{{ value|escape }}</textarea>
{% endmacro %}
```

在 forms.html 中添加了两个宏，分别是 input 和 textarea。下面再在另外一个文件中通过 import 语句进行导入。

（1）通过 import…as…形式导入。

```
{% import 'forms.html' as forms %}
<dl>
  <dt>Username</dt>
  <dd>{{ forms.input('username') }}</dd>
  <dt>Password</dt>
  <dd>{{ forms.input('password', type='password') }}</dd>
</dl>
<p>{{ forms.textarea('comment') }}</p>
```

（2）通过 from…import…as…或者 from…import…形式导入。

```
{% from 'forms.html' import input as input_field, textarea %}
<dl>
  <dt>Username</dt>
  <dd>{{ input_field('username') }}</dd>
  <dt>Password</dt>
  <dd>{{ input_field('password', type='password') }}</dd>
</dl>
<p>{{ textarea('comment') }}</p>
```

需要注意的是，通过 import 导入模板并不会把当前模板的变量添加到被导入的模板中，如果要在被导入的模板中使用当前模板的变量，可以通过以下两种方式实现。

（1）显示地通过参数形式传递变量。
（2）使用 with context 的方式，示例代码如下。

```
{% from 'forms.html' import input with context %}
```

通过以上两种方式，在 forms.html 中的代码也可以使用当前模板的所有变量了。

4.4.2 模板继承

一个网站中的大部分网页的模块是重复的，如顶部的导航栏、底部的备案信息。如果在每个页面中都重复地去写这些代码，会让项目变得臃肿，增加后期的维护成本。比较好的做法是，通过模板继承，把一些重复性的代码写在父模板中，子模板继承父模板后，再分别实现自己页面的代码。首先来看一个父模板 base.html 的例子。

```
<!DOCTYPE html>
<html lang="en">
<head>
    <link rel="stylesheet" href="base.css" />
    <title>{% block title %}{% endblock %}</title>
    {% block head %}{% endblock %}
</head>
<body>
    <div id="body">{% block body %}{% endblock %}</div>
    <div id="footer">
        {% block footer %}
        &copy; Copyright 2008 by <a href="http://domain.invalid/">you</a>
        {% endblock %}
    </div>
</body>
</html>
```

在以上父模板中编写了网页的整体结构，并且把所有子模板都需要用到的样式文件 base.css 也提前做了引用。针对子模板需要重写的地方，则定义成了 block，如 title、head、body、footer，子模板在继承了父模板后，重写对应 block 的代码，即可完成子模板的渲染。下面以继承 base.html 的方式实现一个 index.html 文件，代码如下。

```
{% extends "base.html" %}
{% block title %}首页{% endblock %}
{% block head %}
    <style type="text/css">
        .detail{
            color: red;
        }
    </style>
{% endblock %}
{% block content %}
    <h1>这里是首页</h1>
    <p class="detail">
        首页的内容
    </p>
{% endblock %}
```

以上代码首先通过 extends 语法加载父模板，因为 base.html 和 index.html 是在同一级目录，所以直接写 base.html。这里需要注意的是，extends 必须出现在子模板所有代码的最前面。接下来分别实现了 title、head、content 这 3 个 block，实现的 block 中的代码将会被自动填充到父模板指定的位置，并且最终会生成一个完整 HTML 结构的 index.html 文件。

模板中不能出现重名的 block，如果一个地方需要用到另外一个 block 中的内容，可以使用 self.blockname 的方式进行引用，如以下代码所示。

```
<title>
    {% block title %}
        这是标题
    {% endblock %}
</title>
<h1>{{ self.title() }}</h1>
```

在以上示例代码中，h1 标签中通过{{ self.title() }}把 title 这个 block 中的内容引用到了 h1 标签中。

如果子模板要继承父模板中某个 block 的内容，如以上案例中，如果要继承父模板 footer 这个 block 中已有的内容，则可以通过 super()来实现，示例代码如下。

```
{% block footer %}
    {{ super() }}
    // 子模板自己的代码
{% endblock %}
```

以上代码中，如果没有使用{{ super() }}，那么子模板将不能继承父模板 footer 这个 block 中的内容。

4.4.3　引入模板

有些 HTML 模块需要在几个页面中使用,如果用模板继承会在所有子模板中都加载，不太合适；如果在每个需要使用这个 HTML 结构的页面中都重复相同的代码，会增加后期项目的维护成本。这时就可以通过 include 语法引入模板。如在网站中推广客服二维码联系方式，在有些页面中需要使用，但是并不是所有页面都需要，因此可以把相关代码写成_contact.html 文件，然后在需要的位置进行引用即可，示例代码如下。

```
{% include "_contact.html" %}
```

因为_contact.html 是作为被引用的模板而存在的，所以一般在命名前加一个下画线，这样可以和普通的页面模板区分开来。

4.5 模板环境

4.5.1 模板上下文

通过 render_template 传入的变量，实际上是保存到了模板的上下文中，当然 Jinja2 也有一些内置的上下文变量，可以通过 app.context_processor 来添加全局上下文。所以简单地理解上下文就是模板中可以直接使用的变量。

1．自定义变量

变量除了通过 render_template 渲染外，还可以在模板中通过 set 语法来定义新变量。示例代码如下。

```
{% set name='admin' %}
```

使用 set 赋值语句创建的变量在其之后都是有效的。如果不想让一个变量污染全局环境，可以使用 with 语句来创建一个内部的作用域，将 set 语句放到其中，这样创建的变量就只能在 with 代码块中才有效，示例代码如下。

```
{% with %}
   {% set foo = 42 %}
   {{ foo }}
{% endwith %}
```

也可以在 with 后面直接添加变量，如以上写法可以简写成以下形式。

```
{% with foo = 42 %}
   {{ foo }}
{% endwith %}
```

以上两种写法是等价的，一旦超出 with 代码块，就不能再使用 foo 这个变量了。

2．Jinja2 内置全局上下文变量

Jinja2 为了方便开发者，已经提前内置了一些常用的全局上下文变量，如表 4-3 所示。

表 4-3　Jinja2 内置全局上下文变量

变　　量	描　　述
g	当前请求中的全局对象。一般会把当前请求中多个地方需要用到的变量绑定到上面
request	当前请求对象。通过它可以获取请求的信息

续表

变 量	描 述
session	当前请求的 session 对象
config	项目的配置对象

表 4-3 所示的上下文变量可以在所有模板中直接使用，不需要额外传参。

3. 上下文处理器

Jinja2 虽然内置了一些上下文变量，但有时候我们需要传递自定义的变量。如很多网站的导航条右上角会显示当前登录的用户名，这就需要把 user 变量传递到几乎所有模板中，如果通过 render_template 传递，则会很麻烦。这时就可以通过上下文处理器装饰器 @app.context_processor 来实现，示例代码如下。

```
@app.context_processor
def context_user():
    user = {"username":"admin","level": 2}
    return {"user": user}
```

在自定义的上下文处理器函数中，需要把变量放到字典中才能在模板中被使用。另外，上下文中的变量，除了 Jinja2 内置的全局上下文变量以外，其余上下文变量不能再被 import 导入的模板中使用，如果需要使用，则需要使用 with context 语法，详情请参见 4.4.1 节 "宏和 import 语句"。

4.5.2 全局函数

1. 内置全局函数

为了增强 Jinja2 模板的逻辑功能，Jinja2 内置了一些全局函数，这些函数在所有模板中都可以使用，包括被导入的模板。内置的全局函数如表 4-4 所示。

表 4-4 Jinja2 内置全局函数

函 数 名	描 述
range(start,stop,step):	获取一个等差级数的列表，与 Python 中的 range 一样
lipsum(n=5,html=True,min=20,max=100)	在模板中生成随机的文本，默认会生成 5 段 HTML 代码，每段是 20~100 个字符。如果 html 设置为 False，那么会返回纯文本内容
dict(**items)	转换为字典，与 Python 中的 dict 一样

此外还有 3 个全局类，即 cycler、joiner、namespace，详细内容可参考 Jinja2 官方文

档全局函数 https://jinja.palletsprojects.com/en/3.0.x/templates/#list-of-global-functions。

除了 Jinja2 内置的全局函数外，Flask 也提供了两个全局函数，如表 4-5 所示。

表 4-5 Flask 提供的全局函数

函 数 名	描 述
url_for	用于加载静态文件，或者用于构建 URL
get_flashed_message	用于获取闪现消息

url_for 函数可以用来构建 URL 和加载静态文件，构建 URL 与在 Python 脚本中的用法是一样的，示例代码如下。

```
{{ url_for("book_detail",book_id=1) }}
```

关于 url_for 函数如何加载静态文件，以及 get_flashed_message 函数的使用，后续内容会详细讲解。

2．自定义全局函数

如果要实现自定义的全局函数，可以通过 app.template_global 装饰器来实现，示例代码如下。

```
@app.template_global()
def greet(name):
    return "欢迎! %s"%name
```

以上自定义的全局函数可以在模板中直接使用，示例代码如下。

```
<div>{{ greet("张三") }}</div>
```

4.5.3 Flask 模板环境

在 Flask 中使用 Jinja2，还可以使用 app.jinja_env 属性来配置模板。app.jinja_env 是 jinja2.Environment 类的对象，下面讲解 jinja2.Environment 对象常用的属性。

1．设置 autoescape

Jinja2 默认是开启了全局转义的，如果要关闭全局转义，可以通过以下代码实现。

```
# 关闭全局转义
app.jinja_env.autoescape = False
```

2．添加过滤器

添加过滤器可以通过 app.jinja_env.filters 实现，代码如下。

```
def myadd(a,b):
    return a + b
app.jinja_env.filters["myadd"] = myadd
```

3．添加全局对象

app.template_global()装饰器只能添加全局函数，如果需要其他 Python 对象，则可以通过 app.jinja_env.globals 实现，可以为其添加任意类型的 Python 对象，代码如下。

```
app.jinja_env.globals["user"] = user
```

4．添加测试器

添加测试器可以通过 app.jinja_env.tests 实现，代码如下。

```
def is_admin(user):
    if user.role == "admin":
        return True
    else:
        return False
app.jinja_env.tests["is_admin"] = is_admin
```

关于 jinja2.Environment 的其他属性，读者可以自行阅读其官方文档 https://jinja.palletsprojects.com/en/3.0.x/api/?highlight=environment#jinja2.Environment 进行了解。

4.6 其 他

4.6.1 转义

在模板渲染字符串时，字符串中有可能包含一些危险的字符，如&、<、>、"、'等。这些字符会破坏原来 HTML 标签的结构，更严重的可能会发生 XSS 跨域脚本攻击。因此，遇到这些特殊字符时，应该将其转义成 HTML 能正确表示这些字符的写法，如<（小于号）在 HTML 中应该用<来表示。

在使用 render_template 渲染模板时，Flask 会针对以.html、.htm、.xml 和.xhtml 结尾的文件进行全局转义，但是对于其他类型的文件，则不会开启全局转义。当然针对以.html、.htm、.xml、.xhtml 结尾的文件，如果要关闭全局转义，通过设置 app.jinja_env.autoescape=False 即可关闭。如果要渲染由用户提交上来的字符串，强烈建议开启全局转义。

在没有开启自动转义的情况下，对于一些不信任的字符串，可以通过{{ value|escape }}进行局部转义。在开启了自动转义的情况下，对于一些安全的字符串，可以通过{{ value|safe }}进行局部关闭转义。使用 autoescape 语法可以将一段代码块整体关闭或开启自动转义。示例代码如下。

```
{% autoescape false %}
  <p>这个里面的关闭了自动转义</p>
  <p>{{ will_not_be_escaped }}</p>
{% endautoescape %}
```

如果将以上代码中的 false 改成 true，将在 autoescape 代码块中开启自动转义。

4.6.2 加载静态文件

一个网页中除了 HTML 代码以外，还需要 CSS、JavaScript 和图片文件的综合应用才能更加美观和实用。静态文件默认存放到当前项目的 static 文件夹中，如果要修改静态文件存放的路径，可以在创建 Flask 对象时设置 static_folder 参数，示例代码如下。

```
app = Flask(__name__,static_folder='C:\static')
```

在模板文件中，可以通过 url_for 加载静态文件，示例代码如下。

```
<link href="{{ url_for('static',filename='about.css') }}">
```

url_for 的第 1 个参数 static 是固定的，表示生成一个静态文件的 URL；第 2 个参数 filename 是可以传递的文件名或者文件路径，路径是相对于 static 或者 static_folder 参数自定义的路径。以上代码在被模板渲染后，会被解析成如下形式。

```
<link href="/static/about.css">
```

4.6.3 闪现消息

用户在发送一个请求后，网站可能需要给这个用户一些提示，如登录成功提示、登录失败提示，这时可以用闪现消息解决。使用闪现消息，需要先在视图函数中通过 flash 函数提交消息内容，消息内容可以有多条，然后在模板中再使用 get_flashed_messages 函数获取视图函数中提交的消息内容。get_flashed_message 函数返回的是一个列表，因此需要用 for 循环或者通过下标取出消息内容。闪现消息的视图函数部分示例代码如下。

```
@app.route("/flash")
def myflash():
    flash("我是消息内容1...")
```

```
flash("我是消息内容2...")
return render_template("flash.html")
```

闪现消息的模板部分示例代码如下。

```
<ul>
    {% for message in get_flashed_messages() %}
        <li>{{ message }}</li>
    {% endfor %}
</ul>
```

因为闪现消息是存储在 session 中的，使用 session 之前必须要在 app.config 中设置 SECRET_KEY，如果读者没有设置 SECRET_KEY，那么会出现如图 4-9 所示的错误信息页。

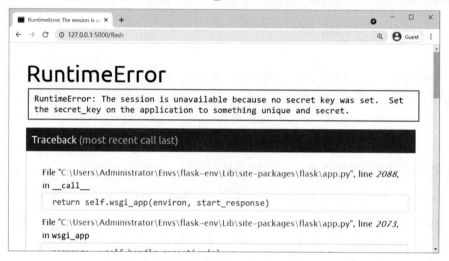

图 4-9　错误信息页

我们可以在 app.config 中随便设置一个字符串，示例代码如下。

```
app.config['SECRET_KEY'] = "ewgnlwe&S;(12zd-+"
```

在刷新浏览器页面后，即可看到闪现消息内容，如图 4-10 所示。

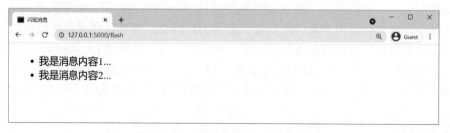

图 4-10　模板中显示闪现消息

第 5 章 数据库

数据库是一个动态网站必备的基础功能。通过使用数据库，数据可以被动态地展示、修改、删除等，极大地提高了数据的管理能力，以及数据传递的效率。数据库有很多种，如 SQL Server、Oracle、PostgreSQL、MySQL 等。其中 MySQL 数据库由于拥有免费、不受平台限制、灵活度高、稳定性强等优点，已经成为最流行的关系型数据库之一。在本书中使用 MySQL 来演示数据库的操作。首先用 PyCharm Professional 创建一个 database 项目，后续的知识点讲解都将基于这个项目。

5.1 准备工作

5.1.1 MySQL 软件

本书使用的数据库是目前最新的 MySQL 8.0 版本，读者在学习后续内容之前，要先下载和安装好该软件。关于 MySQL 软件的使用方法不在本书的讲解范围内，如果读者对 MySQL 的下载和安装有疑问，可以参考以下两个链接。

（1）官方下载链接为 https://dev.mysql.com/downloads/mysql/。读者可以根据自己的操作系统，下载不同的 MySQL 安装包。

（2）MySQL 安装图文教程链接为 https://zlkt.net/book/detail/10/306。

5.1.2 Python 操作 MySQL 驱动

Flask 要操作数据库，必须要先安装 Python 操作 MySQL 的驱动。在 Python 中，目前有以下 MySQL 驱动包。

（1）MySQL-python：也就是 MySQLdb，是对 C 语言操作 MySQL 数据库的一个简单封装，遵循了 Python DB API v2，但是只支持 Python2。

（2）mysqlclient：是 MySQL-python 的另外一个分支。支持 Python3 并且修复了一些 bug，是目前为止执行效率最高的驱动，但是安装的时候容易因为环境问题出错。

（3）pymysql：纯 Python 实现的一个驱动。因为是纯 Python 编写的，因此执行效率不如 mysqlclient 高。也正因为是纯 Python 写的，所以可以和 Python 代码无缝衔接。

（4）mysql-connector-python：MySQL 官方推出的纯 Python 连接 MySQL 的驱动，执行效率比 pymysql 还低。

为了减少读者出错，提高学习效率，本书选择使用 pymysql 作为驱动程序。读者在学完本章内容后，如果有需要，可以自行考虑移植到 mysqlclient。pymysql 是一个第三方包，因此需要通过以下命令安装。

```
pip install pymysql
```

5.1.3　Flask-SQLAlchemy

在 Flask 中，我们很少会使用 pymysql 直接写原生 SQL 语句去操作数据库，更多的是通过 SQLAlchemy 提供的 ORM 技术，类似于操作普通 Python 对象一样，实现对数据库的增、删、改、查操作。而 Flask-SQLAlchemy 是对 SQLAlchemy 的一个封装，这使得在 Flask 中使用 SQLAlchemy 更加方便。Flask-SQLAlchemy 需要单独安装，因为 Flask-SQLAlchemy 依赖 SQLAlchemy，所以只要安装了 Flask-SQLAlchemy，SQLAlchemy 便会自动安装。安装命令如下。

```
pip install flask-sqlalchemy
```

SQLAlchemy 类似于 Jinja2，可以独立于 Flask 使用，而且完全可以在任何 Python 程序中使用。SQLAlchemy 的功能非常强大，本书不能全部都讲到，读者如果有兴趣，可以在学完本章内容后阅读 SQLAlchemy 的官方文档 https://www.sqlalchemy.org/ 进行深入研究。

5.2　Flask-SQLAlchemy 的基本使用

5.2.1　连接 MySQL

在使用 Flask-SQLAlchemy 操作数据库之前，要先创建一个由 Flask-SQLAlchemy 提供的 SQLAlchemy 类的对象。在创建这个类时，要传入当前的 app，然后还需要在 app.config 中设置 SQLALCHEMY_DATABASE_URI，来配置数据库的连接，示例代码如下。

```python
from flask import Flask
from flask_sqlalchemy import SQLAlchemy

app = Flask(__name__)

# MySQL 所在的主机名
HOSTNAME = "127.0.0.1"
# MySQL 监听的端口号，默认 3306
PORT = 3306
# 连接 MySQL 的用户名，读者用自己设置的
USERNAME = "root"
# 连接 MySQL 的密码，读者用自己的
PASSWORD = "root"
# MySQL 上创建的数据库名称
DATABASE = "database_learn"

app.config['SQLALCHEMY_DATABASE_URI'] = f"mysql+pymysql://{USERNAME}:{PASSWORD}@{HOSTNAME}:{PORT}/{DATABASE}?charset=utf8"

db = SQLAlchemy(app)

# 测试是否连接成功
with db.engine.connect() as conn:
    rs = conn.execute("select 1")
    print(rs.fetchone())
```

Flask-SQLAlchemy 在连接数据库时，会从 app.config 中读取 SQLALCHEMY_DATABASE_URI 参数，以上代码分别设置了 MySQL 主机名、端口号、用户名、密码及数据库名称，数据库应该提前在 MySQL 中创建好。SQLALCHEMY_DATABASE_URI 根据不同的数据库有不同的连接方式，MySQL 的连接方式如下。

```
mysql+[driver]://[username]:[password]@[host]:[port]/[database]?charset=utf8
```

其中[]中是变量，需要配置时填充进去即可。如果单击运行后，在 PyCharm 的控制台中打印了(1,)，则说明已经连接成功。

5.2.2 ORM 模型

对象关系映射（object relationship mapping，简称 ORM）是一种可以用 Python 面向对象的方式来操作关系型数据库的技术，具有可以映射到数据库表能力的 Python 类我们称之为 ORM 模型。一个 ORM 模型与数据库中的一个表相对应，ORM 模型中的每个类

属性分别对应表的每个字段；ORM 模型的每个实例对象对应表中的每条记录。ORM 技术提供了面向对象与 SQL 交互的桥梁，让开发者用面向对象的方式操作数据库，使用 ORM 模型具有以下优势。

（1）开发效率高：几乎不需要写原生 SQL 语句，使用纯 Python 的方式操作数据库，大大地提高了开发效率。

（2）安全性高：ORM 模型底层代码对一些常见的安全问题，如 SQL 注入做了防护，比直接使用 SQL 语句更加安全。

（3）灵活性强：Flask-SQLAlchemy 底层支持 SQLite、MySQL、Oracle、PostgreSQL 等关系型数据库，但针对不同的数据库，ORM 模型的代码几乎一模一样，只需修改少量代码，即可完成底层数据库的更换。

下面用 Flask-SQLAlchemy 来创建一个 User 模型，示例代码如下。

```
class User(db.Model):
    __tablename__ = "user"
    id = db.Column(db.Integer,primary_key=True,autoincrement=True)
    username = db.Column(db.String(100))
    password = db.Column(db.String(100))

db.create_all()
```

以上代码中，首先创建了一个 User 类，并使它继承自 db.Model 类，所有 ORM 模型必须是 db.Model 的直接或者间接子类。然后通过 __tablename__ 属性，指定 User 模型映射到数据库中表的名称。接着定义了 3 个 db.Column 类型的类属性，分别是 id、username、password，只有使用 db.Column 定义的类属性，才会被映射到数据库表中成为字段。在这个 User 模型中，id 是 db.Integer 类型，在数据库中将表现为整型，并且传递 primary_key=True 参数指定 id 作为主键，传递 autoincrement=True 参数设置 id 为自增长。username 和 password 属性分别指定其类型为 db.String 类型，在数据库中将表现为 varchar 类型，并且指定其最大长度为 100。

最后通过 db.create_all() 把 User 模型映射成数据库中的表。我们可以通过 navicat 软件来查看数据库中的表，如图 5-1 所示。

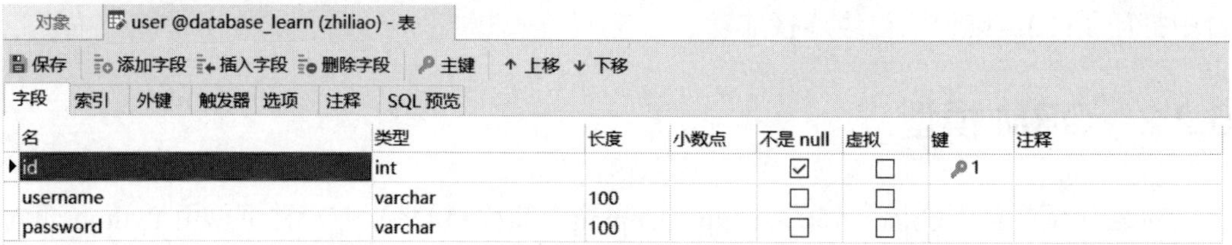

图 5-1 navicat 中查看 user 表

创建数据库的字段类型，除了以上的 db.Integer 和 db.String，还有以下字段类型，如表 5-1 所示。

表 5-1　Flask-SQLAlchemy 字段类型

类　　型	描　　述
db.Integer	整型。范围与数据库一致
db.SmallInteger	小整型。范围与数据库一致
db.BigInteger	长整型。范围与数据库一致
db.Decimal	定点类型。可以指定总长度和小数点后位数
db.Boolean	布尔类型
db.Date	日期类型。存储 Python 中的 datetime.date 对象
db.DateTime	日期时间类型。存储 Python 中的 datetime.datetime 对象
db.Time	时间类型。存储 Python 中的 datetime.time 对象
db.Interval	时间间隔。存储 Python 中的 datetime.timedelay 对象
db.String	字符串类型。使用时需要指定长度，不能超过 255 个字符
db.Text	文本类型。常用于字符串长度不可控的情况
db.Enum	枚举类型
db.PickleType	存储经过 Pickle 后的对象
db.LargeBinary	存储二进制数据

字段在数据库中的表现，都是通过 db.Column 上的参数实现的。db.Column 常用参数如表 5-2 所示。

表 5-2　db.Column 常用参数

参　　数	描　　述
name	字段在数据库表中的名称。如果没有设置，则使用此属性名作为字段名称
type_	字段类型
autoincrement	自动增长
default	默认值
index	如果设置为 True，则将此字段设置为索引
nullable	是否为空
onupdate	在修改对象时，会自动使用这个属性指定的值
primary_key	主键
unique	如果设置为 True，则此字段的值必须唯一
comment	在创建表时的注释

5.2.3　CRUD 操作

使用 ORM 进行 CRUD（create、read、update、delete）操作，需要先把操作添加到会话中，通过 db.session 可以获取到会话对象。会话对象存在内存中，如果要把会话中的操作提取到数据库中，需要调用 db.session.commit()操作；如果要把会话中的操作回滚，则需要调用 db.session.rollback()实现。下面分别对 CRUD 操作进行讲解。

1．Create 操作

使用 ORM 创建一条数据非常简单，先使用 ORM 模型创建一个对象，然后添加到会话中，再进行 commit 操作即可，示例代码如下。

```python
@app.route('/user/add')
def user_add():
    user1 = User(username="张三",password="111111")
    user2 = User(username="李四",password="222222")
    user3 = User(username="王五",password="333333")
    db.session.add(user1)
    db.session.add(user2)
    db.session.add(user3)
    db.session.commit()
    return "用户添加成功！"
```

在以上代码中，首先用 User 类创建了 3 个对象，在创建对象时，必须通过关键字参数给字段赋值，否则 SQLAlchemy 将不知道是给哪个字段赋值，从而报错。由于 id 是作为一个自增长的主键，因此可以不需要赋值。然后再把 3 个对象添加到 session 中，最后再统一进行 commit 操作，即可把数据添加到数据库中。

2．Read 操作

Read 就是查询操作。ORM 模型都是继承自 db.Model，db.Model 内置的 query 属性上有许多方法，可以实现对 ORM 模型的查询操作。query 上的方法可以分为两大类，分别是提取方法和过滤方法。首先来看提取方法，示例代码如下。

```python
@app.route('/user/fetch')
def user_fetch():
    # 1. 获取 User 中所有数据
    users = User.query.all()

    # 2. 获取主键为1的 User 对象
    user = User.query.get(1)
```

```
# 3. 获取第一条数据
user = User.query.first()

return "数据提取成功！"
```

在以上代码中，通过 all()方法获取所有 User 对象，通过 get 方法获取指定主键的 User 对象，通过 first()方法获取第一个 User 对象。提取数据的常用方法如表 5-3 所示。

表 5-3 提取数据的常用方法

方 法 名	描　　述
query.all()	获取查询结果集中的所有对象，是列表类型
query.first()	获取查询结果集中的第一个对象
query.one()	获取查询结果集中的一个对象，如果结果集中对象数量不等于 1，则会抛出异常
query.one_or_none()	与 query.one()方法类似，结果集中对象数量不等于 1 时，不是抛出异常，而是返回 None
query.get(pk)	根据主键获取当前 ORM 模型的第一条数据
query.exists()	判断数据是否存在
query.count()	获取查询结果集的个数

在查询数据时，经常需要做过滤操作。过滤最常用的两个方法是 filter 和 filter_by，filter 方法传递查询条件，filter_by 方法传递关键字参数，示例代码如下。

```
@app.route('/user/filter')
def user_filter():
    # 1. filter方法:
    users = User.query.filter(User.username=="张三").all()

    # 2. filter_by方法:
    users = User.query.filter_by(username="张三").all()

    return "数据过滤成功！"
```

除了 filter 和 filter_by 方法以外，Flask-SQLAlchemy 还提供了以下过滤方法，如表 5-4 所示。

表 5-4 常用过滤方法

方 法 名	描　　述
query.filter()	根据查询条件过滤
query.filter_by()	根据关键字参数过滤

续表

方 法 名	描 述
query.slice(start,stop)	对结果进行切片操作
query.limit(limit)	对结果数量进行限制
query.offset(offset)	在查询时跳过前面 offset 条数据
query.order_by()	根据给定字段进行排序
query.group_by()	根据给定字段进行分组

在表 5-4 中，query.slice(start,stop)、query.limit(limit)、query.offset(offset)方法的使用比较简单，这里不做过多讲解。下面讲解 query.order_by()和 query.group_by()的用法。

（1）query.order_by()的用法如以下代码所示。

```python
@app.route('/user/filter')
def user_filter():
    ...
    # query.order_by方法
    # 正序排序
    users = User.query.order_by("id")
    users = User.query.order_by(User.id)

    # 倒序排序
    users = User.query.order_by(db.text("-id"))
    users = User.query.order_by(User.id.desc())

    from sqlalchemy import desc
    users = User.query.order_by(desc("id"))

    for user in users:
        print(user.id)

    return "数据过滤成功！"
```

以上代码中，以 User 的 id 字段为例（可以换成任何其他的字段），详细地罗列了正序和倒序排序的方法，读者在开发过程中可自行选择合适的方法实现排序。

（2）query.group_by()方法是根据某个字段进行分组，分组的主要目的是获取分组后的数量、最大值、最小值、平均值、总和等。因为提取的数据不再是某个模型，所以不能通过<模型>.query 的方式获取，而是通过 db.session.query 来提取，如要获取所有用户名在表中存在的个数，那么可以通过以下代码实现。

```python
@app.route('/user/filter')
def user_filter():
    ...
```

```
    # query.group_by方法
    from sqlalchemy import func
    users = db.session.query(User.username,func.count(User.id)).
group_by("username").all()

    return "数据过滤成功！"
```

过滤是数据提取的一个很重要的功能，除了直接使用==和!=关系运算符外，还可以使用以下常用的过滤条件进行过滤，但这些过滤条件只能通过 filter 方法实现。常用的过滤条件如下。

（1）like：模糊查询，使用方式与 SQL 语句中的 like 类似，可以在搜索字符左右两边添加%来匹配任意字符。contains 方法相当于 like 在搜索字符左右两边都添加%，例如，contains("张")与 like("%张%")是一样的效果。示例代码如下。

```
users = User.query.filter(User.username.contains("张"))
users = User.query.filter(User.username.like("%张%"))
```

（2）in：判断值是否在指定数据集中，如果是就提取，否则就不提取。为了不与 Python 中的 in 关键字混淆，在 in 后加下画线，实际的方法名为 in_，示例代码如下。

```
users = User.query.filter(User.username.in_(["张三","李四","王五"]))
```

（3）not in：作用与 in 相反。其使用方式是在 in_方法所在代码表达式前添加（~），示例代码如下。

```
users = User.query.filter(~User.username.in_(['张三']))
```

（4）is null：判断值是否为空，如果为空就提取，否则就不提取。可以通过判断值是否为 none，或通过 is_方法实现，为了不与 Python 中的 in 关键字混淆，同样需要在 is 后加下画线，示例代码如下。

```
users = User.query.filter(User.username==None)
users = User.query.filter(User.username.is_(None))
```

（5）is not null：作用与 is null 相反，实际的方法名为 isnot，示例代码如下。

```
users = User.query.filter(User.username != None)
users = User.query.filter(User.username.isnot(None))
```

（6）and：用于同时满足多条件的查询，实际的方法名为 and_，示例代码如下。

```
from sqlalchemy import and_
users = User.query.filter(and_(User.username=="张三",User.id < 10))
```

（7）or：用于满足一个或多个条件的查询，实际的方法名为 or_，示例代码如下。

```
from sqlalchemy import or_
users = User.query.filter(or_(User.username=="张三",User.username=="李四"))
```

3. update 操作

更新操作分为两种，第一种针对一条数据，第二种针对多条数据。针对一条数据，可以直接修改对象的属性，然后执行 commit 操作即可，示例代码如下。

```
user = User.query.get(1)
user.username = "张三_重新修改的"
db.session.commit()
```

针对修改多条数据的情况，则是通过调用 filter 或者 filter_by 方法获取 BaseQuery 对象，然后再调用 update 方法，实现批量修改的，示例代码如下。

```
User.query.filter(User.username.like("%张三%")).update({"password":User.password+"_被修改的"},synchronize_session=False)
db.session.commit()
```

以上代码先通过 filter 方法过滤数据，然后再调用 update 方法，在所有的 password 后面都添加"_被修改的"字符串，并且因为使用了 like 方法作为过滤条件，所以需要指定 synchronize_session 参数为 False，最后再调用 commit()方法即可批量完成数据的修改。

4. delete 操作

删除操作也是分成两种。第一种是删除一条数据，第二种是删除多条数据。删除单条数据的操作方式非常简单，直接调用 db.session.delete 方法即可，示例代码如下。

```
user = User.query.get(1)
db.session.delete(user)
db.session.commit()
```

删除多条数据的操作方式类似更新多条数据，通过 BaseQuery 的 delete 方法即可实现，示例代码如下。

```
User.query.filter(User.username.contains("张三")).delete(synchronize_session=False)
db.session.commit()
```

5.3 表 关 系

关系型数据库的一个强大的功能，就是多张表之间可以建立关系。如文章表中，通常需要保存作者数据，但是我们不需要直接把作者数据放到文章表中，而是通过外键引用用户表。这种强大的表关系，可以存储非常复杂的数据，并且可以使查询非常迅速。在 Flask-SQLAlchemy 中，同样也支持表关系的建立，表关系建立的前提，是通过数据库的外键实现的。表关系总体来讲可以分为 3 种：一对多（多对一）、一对一、多对多。下面分别进行讲解。

5.3.1 外键

外键是数据库的技术，Flask-SQLAlchemy 中支持在创建 ORM 模型时就指定外键，创建外键是通过 db.ForeignKey 实现的。如创建 Article 表，这张表有一个 author_id 字段，通过外键引用 user 表的 id 字段，用来保存文章的作者，那么 Article 的模型代码如下。

```python
class Article(db.Model):
    __tablename__ = "article"
    id = db.Column(db.Integer, primary_key=True, autoincrement=True)
    title = db.Column(db.String(200),nullable=False)
    content = db.Column(db.Text,nullable=False)

    author_id = db.Column(db.Integer,db.ForeignKey("user.id"))
```

以上代码，除了添加常规的 title、content 属性外，还增加了一个 author_id，author_id 通过 db.ForeignKey("user.id") 引用了之前创建的 user 表的 id 字段。这里有个细节需要注意，author_id 因为引用 user 表的 id 字段，所以它的类型必须跟 user 表的 id 字段一致，否则会报错。

5.3.2 一对多关系

我们生活中有很多一对多的例子，如 CSDN 博客中的一篇文章只能属于一个作者，一个作者能发布多篇文章，作者和文章之间是一对多的关系，反过来文章和作者之间是多对一的关系。

1．建立关系

5.3.1 节中通过外键，实际上已经建立起一对多的关系，即一篇文章只能引用一个作者，而一个作者可以被多篇文章引用。但是以上只是建立了一个外键，通过 Article 的对象还是无法直接获取到 author_id 引用的那个 User 对象。为了使操作 ORM 对象与操作普通 Python 对象一样，Flask-SQLAlchemy 提供了 db.relationship 来引用外键所指向的那个 ORM 模型。在以上的 Article 模型中添加 db.relationship，示例代码如下。

```python
class Article(db.Model):
    __tablename__ = "article"
    id = db.Column(db.Integer, primary_key=True, autoincrement=True)
    title = db.Column(db.String(200),nullable=False)
    content = db.Column(db.Text,nullable=False)

    author_id = db.Column(db.Integer,db.ForeignKey("user.id"))
    author = db.relationship("User")
```

我们添加了一个 author 属性，这个属性通过 db.relationship 与 User 模型建立了联系，以后通过 Article 的实例对象访问 author 时，如 article.author，那么 Flask-SQLAlchemy 会自动根据外键 author_id 从 user 表中寻找数据，并形成 User 模型实例对象。下面通过创建 Article 对象，并通过访问 Article 实例对象的 author 属性来关联 User 对象，示例代码如下：

```python
@app.route('/article/add')
def article_add():
    user = User.query.first()
    article = Article(title="aa",content="bb",author=user)
    db.session.add(article)
    db.session.commit()

    article = Article.query.filter_by(title="aa").first()
    print(article.author.username)
```

以上代码中，首先创建了一个 article 对象，并添加到数据库中，接下来再从数据库中提取，然后通过 article.author.username 访问到 article 对象的用户名。

2. 建立双向关系

现在的 Article 模型可以通过 author 属性访问到对应的 User 实例对象，但是 User 实例对象无法访问到和其关联的所有 Article 实例对象。因此为了实现双向关系绑定，还需要在 User 模型上添加一个 db.relationship 类型的 articles 属性，并且在 User 模型和 Article 模型双方的 db.relationship 上都需要添加一个 back_populates 参数，用于绑定对方访问自己的属性，示例代码如下：

```python
class User(db.Model):
    __tablename__ = "user"
    id = db.Column(db.Integer,primary_key=True,autoincrement=True)
    username = db.Column(db.String(100))
    password = db.Column(db.String(100))
```

```
    articles = db.relationship("Article",back_populates="author")


class Article(db.Model):
    __tablename__ = "article"
    id = db.Column(db.Integer, primary_key=True, autoincrement=True)
    title = db.Column(db.String(200),nullable=False)
    content = db.Column(db.Text,nullable=False)

    author_id = db.Column(db.Integer,db.ForeignKey("user.id"))
    author = db.relationship("User",back_populates="articles")
```

在 User 端绑定了 articles 属性后,现在双方都能通过属性直接访问到对方了,示例代码如下。

```
user = User.query.first()
for article in user.articles:
    print(article.title)
```

3. 简化关系定义

以上 User 和 Article 模型中,通过在两边的 db.relationship 上传递 back_populates 参数来实现双向绑定,这种方式有点烦琐,我们还可以通过只在一个模型上定义 db.relationship 类型属性,并且传递 backref 参数实现双向绑定,示例代码如下。

```
class User(db.Model):
    __tablename__ = "user"
    id = db.Column(db.Integer,primary_key=True,autoincrement=True)
    username = db.Column(db.String(100))
    password = db.Column(db.String(100))

class Article(db.Model):
    __tablename__ = "article"
    id = db.Column(db.Integer, primary_key=True, autoincrement=True)
    title = db.Column(db.String(200),nullable=False)
    content = db.Column(db.Text,nullable=False)

    author_id = db.Column(db.Integer,db.ForeignKey("user.id"))
    author = db.relationship("User",backref="articles")
```

以上代码中,我们删除了 User 模型上的 articles 属性,并且在 Article 模型上将 author 属性的 db.relationship 中的 back_populates 修改为 backref。backref 参数的功能更加强大,其可以自动给对方添加 db.relationship 的属性。

这种方式虽然方便，但是在模型比较多、项目团队人数较多的情况下，也容易造成困扰。如 User 模型上根本没有看到定义的 articles 属性，但是却在 Article 模型上创建了，这着实会让人摸不着头脑。因此为了更加直观和方便团队协作，建议使用 back_populates 来实现双向绑定。

5.3.3 一对一关系

要实现一对一关系，只需要在一对多的基础之上，将"多"的那一端设置为"一"即可，在 Flask-SQLAlchemy 中，通过给 db.relationship 传递 uselist=False，即可将"多"设置为"一"，为了在数据库层面也实现一对一，还需要在外键上设置 unique=True。这里以用户拓展表为例。在公司业务增长的情况下，需要存储用户的许多属性，但是有些属性是不常用的，为了提高网站的响应速度，我们会把那些不常用的属性放到拓展表中，只在需要的时候才访问。用户表和用户拓展表就是典型的一对一关系，一个用户只能有一条拓展数据，一条拓展数据只能属于一个用户。下面新增一个 UserExtension 模型，与原来的 User 模型建立一对一的关系，示例代码如下。

```python
class User(db.Model):
    __tablename__ = "user"
    id = db.Column(db.Integer,primary_key=True,autoincrement=True)
    username = db.Column(db.String(100))
    password = db.Column(db.String(100))

    extension = db.relationship("UserExtension",back_populates="user",uselist=False)

class UserExtension(db.Model):
    id = db.Column(db.Integer, primary_key=True, autoincrement=True)
    school = db.Column(db.String(100))
    user_id = db.Column(db.Integer,db.ForeignKey("user.id"),unique=True)
    user = db.relationship("User",back_populates="extension")
```

User 和 UserExtension 的关系中，因为外键是添加到 UserExtension 模型上，因此 User 模型属于"多"的那一端，这时就设置 uselist=False，即可将"多"转化为"一"。为了在数据库层面也实现一对一，将 UserExtension 模型上的 user_id 属性设置为 unique=True。此时如果要在一个 User 对象上添加多个 UserExtension 对象，那么就会抛出异常，示例代码如下。

```python
@app.route("/one2one")
def one2one():
```

```
    user = User.query.first()
    extension1 = UserExtension(school="清华大学",user=user)
    extension2 = UserExtension(school="北京大学",user=user)
    db.session.add(extension1)
    db.session.add(extension2)
    db.session.commit()
    return "一对一成功！"
```

上述代码中，我们试图在两个 UserExtension 实例对象上绑定同一个 User 对象，但是因为设置了一对一的关系，因此以上代码将会抛出类似以下的异常。

```
sqlalchemy.exc.IntegrityError: (pymysql.err.IntegrityError) (1062,
"Duplicate entry '1' for key 'user_extension.user_id'")
[SQL: INSERT INTO user_extension (school, user_id) VALUES (%(school)s,
%(user_id)s)]
[parameters: {'school': '北京大学', 'user_id': 1}]
```

5.3.4 多对多关系

多对多关系在数据库层面是需要通过一张中间表来实现的，在 Flask-SQLAlchemy 中也是一样。这里以文章和标签为例，一篇文章可以添加多个标签，一个标签可以被多篇文章添加。我们创建标签 Tag 类，示例代码如下。

```
article_tag_table = db.Table(
    "article_tag_table",

db.Column("article_id",db.Integer,db.ForeignKey("article.id"),primary_key=True),

db.Column("tag_id",db.Integer,db.ForeignKey("tag.id"),primary_key=True)
)


class Article(db.Model):
    __tablename__ = "article"
    id = db.Column(db.Integer, primary_key=True, autoincrement=True)
    title = db.Column(db.String(200),nullable=False)
    content = db.Column(db.Text,nullable=False)
    author_id = db.Column(db.Integer,db.ForeignKey("user.id"))
    author = db.relationship("User",backref="articles")
    tags = db.relationship("Tag",secondary=article_tag_table,
```

```
back_populates="articles")


class Tag(db.Model):
    __tablename__ = "tag"
    id = db.Column(db.Integer, primary_key=True, autoincrement=True)
    name = db.Column(db.String(100))
    articles = db.relationship("Article",secondary=article_tag_table,
back_populates="tags")
```

为了实现 Article 和 Tag 之间的多对多关系，我们使用 db.Table 创建了一张中间表 article_tag_table，并且添加了 article_id 和 tag_id 两个外键来分别与 article 和 tag 表进行关联。然后在 Article 和 Tag 类中分别添加了 tags 和 articles 属性，用来建立双向关系，并且在 db.relationship 中传递 secondary=article_tag_table 参数来绑定中间表。Article 和 Tag 的多对多关系建立后，可以通过以下代码来添加数据。

```
@app.route('/many2many')
def many2many():
    article1 = Article(title="11",content="aa")
    article2 = Article(title="22", content="bb")

    tag1 = Tag(name="python")
    tag2 = Tag(name="flask")

    article1.tags.append(tag1)
    article1.tags.append(tag2)

    article2.tags.append(tag1)
    article2.tags.append(tag2)

    db.session.add_all([article1,article2])
    db.session.commit()
    return "多对多数据添加成功！"
```

上述代码中首先分别创建了两个 Article 对象和两个 Tag 对象，然后把两个 Tag 对象分别添加到 article1 和 article2 中，最后通过 db.session.add_all 方法把 article1 和 article2 添加到会话中，然后执行 commit 操作。因为两个 Tag 对象都已经与 article1 和 article2 进行关联了，在 article1 和 article2 被添加到会话中后，两个 Tag 对象也会被添加到会话中。在多对多关系中，添加对象使用的是 append 方法，移除对象使用的是 remove 方法。

5.3.5 级联操作

级联操作（cascade）是在操作某个对象时，相关联的对象也会进行对应的操作。在数据库层面的级联操作包括级联删除、级联更新等。Flask-SQLAlchemy 提供了比数据库更强大的级联操作，定义级联操作是通过对 db.relationship 传递 cascade 参数实现的，这个参数的值可以为 all、save-update、merge、refresh-expire、expunge、delete 中的一个或者多个，如果是多个，则通过英文逗号隔开，如"save-update, delete"。谁设置了 cascade 参数，谁就是父表，父表数据发生变化，相关联的从表也会执行相应操作。这里为了不影响之前的模型，我们创建两个新的 ORM 模型来讲解级联操作，示例代码如下。

```python
class Category(db.Model):
    __tablename__ = "category"
    id = db.Column(db.Integer, primary_key=True, autoincrement=True)
    name = db.Column(db.String(100))
    newses = db.relationship("News",back_populates="category")


class News(db.Model):
    __tablename__ = "news"
    id = db.Column(db.Integer, primary_key=True, autoincrement=True)
    title = db.Column(db.String(100))
    content = db.Column(db.Text)
    category_id = db.Column(db.Integer,db.ForeignKey("category.id"))
    category = db.relationship("Category",back_populates="newses")
```

以上代码中创建了两个模型，分别是新闻分类模型 Category 和新闻模型 News，并且在双方都建立了关系。下面分别来讲解级联操作常用的值。

1. save-update

save-update 是默认选项，它的作用是当某个对象被添加到会话中时，与此对象相关的对象也会被添加进去，示例代码如下。

```python
category = Category(name="军事")
news = News(title="新闻1",content="新闻内容1")
news.category = category
db.session.add(news)
db.session.commit()
```

以上代码中创建了 category 和 news 对象，因为让 news 和 category 进行了关联，因此只要添加 news，那么 category 就会被自动添加进去。在 News 模型中创建 category 时设置 cascade="", 示例代码如下。

```
class News(db.Model):
    ...
    category = db.relationship("Category",back_populates="newses",cascade="")
```

重新执行上述添加 news 和 category 的代码,会在 PyCharm 控制台出现以下错误。

```
SAWarning: Object of type <Category> not in session, add operation along 'News.category' won't proceed
  db.session.commit()
```

查看数据库后发现只有 news 数据被添加了,category 并没有被添加进去。这说明一旦 cascade 没有设置 save-update,那么被关联的对象就不会被添加到会话中。

2. delete

delete 表示当删除某个对象时,被关联的所有对象都会被删除。这个值默认在 cascade 中是没有的。

```
news = News.query.first()
db.session.delete(news)
db.session.commit()
return "success"
```

3. delete-orphan

delete-orphan 表示某个对象被父表解除关联时,此对象也会自动被删除。当然,如果父表中的数据被删除,此对象也会被删除。如某个 News 对象被从 Category.newses 上删除,则这个 News 对象也会被删除。将 Category 的 newses 属性修改为如下所示的代码。

```
class Category(db.Model):
    ...
    newses = db.relationship("News",back_populates="category",cascade="delete,delete-orphan")
```

然后再执行删除操作,示例代码如下。

```
category = Category.query.first()
news = News(title="新闻2",content="新闻内容2")
category.newses.append(news)
db.session.commit()

# 将 news 从 category 中解除关联
category.newses.remove(news)
```

```
db.session.commit()
```

以上代码中，首先将 news 添加到 category.newses 中，然后通过 commit 操作提交到数据库中。接着从 category.newses 中移除，这样就把 news 从 category 上解除了关联，因为在 Category 中定义 newses 属性时，设置了 cascade 为 delete-orphan，那么一旦解除关联，news 对象就成为孤儿（orphan）对象，即会自动从数据库中被删除。这个选项一般用在一对多关系上，不能用在多对多以及多对一关系上。如例子中的 Category 和 News，Category 属于"一"，News 属于"多"。删除分类，该分类下的新闻也被删除了，这符合常理，但是如果新闻被删除了，分类也跟着删除，这就会造成数据混乱。

4. merge

merge 是默认选项。在使用 session.merge 合并对象时，会将使用了 db.relationship 相关联的对象也进行 merge 操作。

这个参数几乎很少用到，读者作为了解即可。

5. expunge

进行移除操作时，会将相关联的对象也进行移除。这个操作只是将对象从 session 中移除，并不会真正地从数据库中删除。

我们首先将 News 模型中 category 属性的 cascade 参数修改为如下。

```
class News(db.Model):
    ...
    category = db.relationship("Category",back_populates="newses",
cascade= "expunge")
```

然后执行以下操作。

```
news = News.query.first()
category = news.category
db.session.expunge(news)
category.name = '测试分类'
db.session.commit()
```

上述代码中，使用 db.session.expunge 方法将 news 对象从 session 中移除，因为 news 和 category 级联关系中设置了 expunge 选项，所以 category 对象也会跟着从 session 中移除，此时再去修改 category.name 的值，就不会同步到数据库中了。读者可以在执行上述代码前观察第一条新闻分类的名称，执行完上述代码后再观察，会发现分类名称没有发生变化。

6. all

all 是对 save-update、merge、expunge、delete 的缩写，不包含 delete-orphan。

7. 默认值

cascade 在没有被修改时的默认值是 save-update 和 merge。

5.4　ORM 模型迁移

ORM 模型定义好后，是通过 db.create_all 将 ORM 模型映射到数据库中的。这种方式是有局限性的，它只能识别到新增了模型后映射到数据库中的对于模型中字段的修改，对于类型的修改，无法识别到。因此在实际开发中，都不会使用 db.create_all 来做 ORM 模型迁移，而是借助一个第三方插件 Flask-Migrate 来实现。Flask-Migrate 是基于 alembic 实现的，alembic 是专门用来给 SQLAlchemy 的 ORM 模型做迁移的。要使用 Flask-Migrate，首先需要通过 pip 命令安装。

```
pip install flask-migrate
```

alembic 会随着 flask-migrate 安装而自动安装。在完成 flask-migrate 安装后，接下来讲解如何配置。

5.4.1　创建迁移对象

首先看创建迁移对象的代码，如下所示。

```
from flask import Flask
from flask_sqlalchemy import SQLAlchemy
from flask_migrate import Migrate

app = Flask(__name__)
...
db = SQLAlchemy(app)
migrate = Migrate(app,db)
```

以上代码中，首先从 flask_migrate 包中导入 Migrate 类，然后实例化这个类，在实例化时传入 app 和 db 对象，并且赋值给 migrate 变量。后续在执行迁移命令时，Flask-Migrate 会自动读取 app.py 中的 migrate 变量，所以变量名必须为 migrate。

5.4.2　初始化迁移环境

在创建完迁移对象后，需要初始化迁移环境。方法是在当前项目的根路径下执行如下命令。

```
flask db init
```

命令执行完成后，会在项目的根路径下生成一个 migrations 文件夹，在这个文件夹下有以下文件或文件夹。

（1）versions：文件夹，用于存放后面生成的迁移脚本文件。由于目前没有生成过任何迁移脚本，因此是一个空的文件夹。

（2）alembic.ini：alembic 的配置文件。

（3）env.py：配合 Flask 项目进行迁移的 Python 文件。

（4）script.py.mako：生成迁移脚本的模板文件。

以上 4 个文件或文件夹，除非你自己非常清楚要做什么，否则强烈建议不要自行修改里面的内容。到目前为止，初始化迁移环境的工作就已经完成。此工作只需做一次，后续只要不断生成迁移脚本和映射脚本即可，无须重复初始化。

5.4.3　生成迁移脚本

在初始化完迁移环境的前提下，无论是新增了 ORM 模型，或者是 ORM 模型中有任何字段信息发生改变，并且要将这些改变同步到数据库中，都要做的一件事情就是将当前的修改生成一个迁移脚本，生成迁移脚本的命令如下。

```
flask db migrate -m "备注信息"
```

以上命令中参数-m 后面跟的是备注信息，通过添加备注信息，可方便以后查看当前迁移脚本做了哪些事情。当然，备注信息不是必需的，如果不想添加，则把-m 参数以及后面的内容都删除即可。笔者强烈建议添加备注信息，特别是多人合作开发一个项目时，添加备注信息能让工作更加透明。在执行完以上命令后，可以看到 versions 文件夹中新增了一个 Python 脚本文件，这个脚本文件中记录了此次修改的变更内容。

5.4.4　执行迁移脚本

迁移脚本只是写好了表变更的内容，但是并没有更新数据库。因此还需要执行迁移脚本将这些改变真正映射到数据库中，执行迁移脚本的命令如下。

```
flask db upgrade
```

以上命令会自动从 versions 文件夹中寻找最新的迁移脚本文件，然后执行迁移脚本文件中的 upgrade 函数。在这步工作完成后，模型的修改就能真正映射到数据库中了。

使用 flask-migrate 做 ORM 模型迁移时，有一点需要注意，被迁移的 ORM 模型必须被 app.py 直接或间接加载。如为了代码更加有序，我们一般会把 ORM 模型放到 models.py 文件中，如果这个 models.py 文件没有被 app.py 直接或间接加载，那么其中的 ORM 模型将不能被 flask-migrate 识别到，也就不会参与迁移。

第 6 章 表单

表单是一个网站与用户交互必不可少的元素。表单中可以提供文本输入框、单选按钮、复选框、按钮等元素供用户提交数据。在 Flask 项目中，表单除了可以表示传统的 HTML 标签外，还有验证数据的作用。数据被发送到服务器后，服务器为了防止不法分子绕过前端限制提交一些非法数据，需要对提交上来的数据进行验证，验证合法后才进行后续的操作。要实现表单的验证功能，我们需要借助第三方插件 Flask-WTF，Flask-WTF 是对 WTForms 库的封装，让 WTForms 库在 Flask 项目中更方便地被使用，不过 Flask-WTF 提供的功能比较有限，大部分功能是直接从 WTForms 中直接导入的。WTForms 的功能主要有两个，分别是验证数据和在模板中渲染表单 HTML 标签。当然，WTForms 还包括一些其他功能，如 CSRF 保护、文件上传等。安装 Flask-WTF 的同时默认也会安装 WTForms，安装命令如下。

```
pip install flask-wtf
```

安装完 Flask-WTF 后，我们用 PyCharm Professional 版创建一个名叫 formlearn 的项目，读者可以通过本项目查看到本章所讲内容的演示代码。

6.1 表单验证

这里以注册功能为例，讲解表单验证功能。注册时需要提交邮箱、用户名、密码、确认密码 4 个字段的数据。首先在 templates 文件夹中创建一个 register.html 文件，然后输入以下代码。

```
<!DOCTYPE html>
<html lang="en">
<head>
  <meta charset="UTF-8">
  <title>注册</title>
```

```html
</head>
<body>
    <form action="{{ url_for('register') }}" method="POST">
        <table>
            <tr>
                <td>用户名：</td>
                <td><input type="text" name="username"></td>
            </tr>
            <tr>
                <td>邮箱：</td>
                <td><input type="email" name="email"></td>
            </tr>
            <tr>
                <td>密码：</td>
                <td><input type="password" name="password"></td>
            </tr>
            <tr>
                <td>确认密码：</td>
                <td><input type="password" name="confirm_password"></td>
            </tr>
            <tr>
                <td></td>
                <td><input type="submit" value="提交"></td>
            </tr>
        </table>
    </form>
</body>
</html>
```

以上代码中，首先创建了一个 form 标签，然后设置 action 为 url_for('register')，也就是将 register 视图函数反转为 URL，在以后单击"提交"按钮时，会把所有 form 标签下输入框中的内容都提交给这个 URL（看下文 register 视图函数）。接着还设置了 method 为 POST，这意味着会以 POST 方式提交。然后在 form 标签下，分别添加了属性 name 为 username、email、password 以及 confirm_password 的 input 标签。最后添加了一个 type="submit"的 input 标签，被渲染出来是一个按钮。

模板写好后，再用一个视图函数渲染，示例代码如下。

```python
@app.route("/register",methods=['GET','POST'])
def register():
    if request.method == 'GET':
        return render_template("register.html")
    else:
        pass
```

执行以上代码后，在浏览器中访问 http://127.0.0.1:5000/register，即可看到如图 6-1 所示的效果。

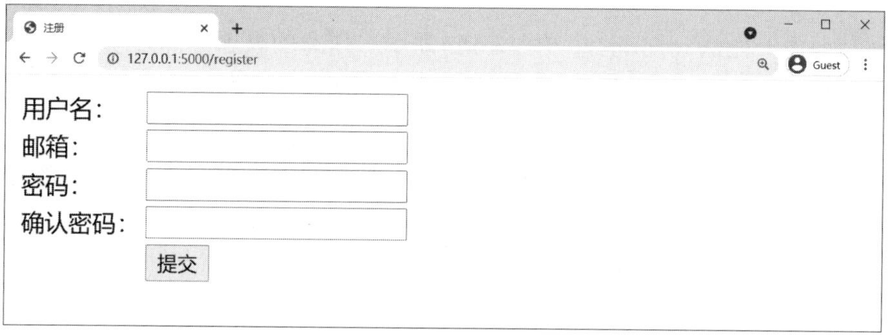

图 6-1　注册页面

6.1.1　表单类编写

到目前为止，我们完成了前端模板代码的编写，用户可以在此页面输入信息进行注册了。但是在此页面中，对每个字段是有一定要求的，具体要求如下。

- ☑ 用户名：为了防止重名，一般要求最少要输入 3 位以上字符。
- ☑ 邮箱：格式必须以@+域名结尾。
- ☑ 密码：要求最少输入 6 位以上字符。
- ☑ 确认密码：该字段内容必须和密码字段内容一致。

我们不能要求用户一次性就正确输入满足这些规则的内容，如果用户输入错误，应该在界面中及时给予提示。这个工作可以由前端通过 JavaScript 来完成，但是服务器端也要做好验证，因为对于有一定技术功底的用户来说，可以通过抓包的形式获取注册时的请求数据，然后通过代码或者工具来模拟注册，这就完全绕开了前端的 JavaScript 验证。服务器端的验证可以通过 WTForms 来实现。首先在项目根路径下创建一个 forms.py 文件，然后写入以下代码。

```
from wtforms import Form,StringField
from wtforms.validators import length,email,equal_to


class RegisterForm(Form):
    username = StringField(validators=[length(min=3,max=20,message="请输入正确长度的用户名！")])
    email = StringField(validators=[email(message="请输入正确格式的邮箱！")])
    password = StringField(validators=[length(min=6,max=20,message="请输
```

入正确长度的密码！")])
    confirm_password = StringField(validators=[equal_to
("password",message="两次密码不一致！")])
```

上述代码中，先从 wtforms 中导入 Form 基类，所有的表单类都必须继承自 Form 基类。然后在 RegisterForm 中分别添加了 username、email、password 以及 confirm_password 这 4 个字段，这里字段的名称必须和 HTML 模板中表单元素的 name 的值一致。如在 HTML 模板中邮箱的 input 标签的 name 值为 email，那么在 RegisterForm 中字段的名称也必须为 email。

这 4 个属性现在都是字符串类型，因此使用 StringField 类型，除 StringField 外，还有以下类型的 Field 类，如表 6-1 所示。

表 6-1  Field 类的类型

| 字 段 类 型 | 描　　述 |
| --- | --- |
| StringField | 字符串类型 |
| IntegerField | 整型类型 |
| FloatField | 浮点类型 |
| DecimalField | 定点类型 |
| BooleanField | 布尔类型 |
| DateTimeField | 日期时间类型 |
| DateField | 日期类型 |
| TimeField | 时间类型 |
| FileField | 文件类型 |

每个字段都传递了 validators 参数，这个参数是可以存储多个验证器的集合。不同的字段应根据实际需要设置不同的验证器。

- ☑ username：添加了 length 验证器，用来规定最短字符串长度为 3，最长字符串长度为 20，并且如果上传的值不在这个范围，会提示一个错误信息，错误信息的内容就是 message 指定的值。
- ☑ email：添加了 email 验证器，email 验证器会自动验证上传的值是否满足邮箱的格式规则。如果不满足，同样也会提示 message 指定的错误信息。
- ☑ password：同样用的是 length 验证器，指定字符长度为 6~20。
- ☑ confirm_password：确认密码用的是 equal_to 验证器，验证是否和 password 的值一致。

除了以上指定的 length、email 和 equal_to 验证器，WTForms 还提供了以下验证器，如表 6-2 所示。
```

表 6-2 WTForms 常用验证器

验 证 器	描 述
length(min,max,message)	验证长度是否在区间内
email()	验证内容是否满足邮箱格式规则
equal_to(fieldname,message)	验证是否和另外一个字段的值相等
ip_address(ipv4,ipv6,message)	验证是否满足 IP 地址的规则
mac_address(message)	验证是否满足 mac 地址的规则
number_range(min,max,message)	验证数字是否在指定的区间内
optional(strip_whitespace)	设置数据可以为空，并停止其他验证器的验证
input_required(message)	验证是否为空
data_required(message)	验证是否有效
url(message)	验证是否满足 URL 规则
any_of(values,message,values_formatter)	验证是否是 values 中的一个
none_of(values,message,values_formatter)	验证是否不是 values 中的一个
regexp(regex,flags,message)	自己指定正则表达式验证

其中，input_required 和 data_required 验证器用户经常会混淆，input_required 只是验证字段是否有值，而 data_required 则是验证数据是否有效。如字段的类型是 IntegerField，但是传入的数据不能被转换为整型时，则会验证失败。

> **注意**
> 表 6-2 中的验证器都是小写形式，这个是为了方便使用，它们原始的名称遵循驼峰命名法，如 length 的原始名称为 Length、input_required 的原始名称为 InputRequired 等。

6.1.2 视图函数中使用表单

表单写完后，就可以在视图函数中对数据进行验证了。这里以继续完善 register 视图函数为例，来讲解表单在视图函数中的使用。

```
from flask import Flask,request,render_template ,redirect,url_for,flash
from forms import RegisterForm
...

@app.route("/register",methods=['GET','POST'])
def register():
    if request.method == 'GET':
        return render_template("register.html")
    else:
```

```python
# request.form 是 html 模板提交上来的表单数据
form = RegisterForm(request.form)
# 如果表单验证通过
if form.validate():
    email = form.email.data
    username = form.username.data
    password = form.password.data

    # 以下是可以把数据保存到数据库的操作
    print("email:",email)
    print("username:",username)
    print("password:",password)
    return "注册成功！"
else:
    for errors in form.errors.values():
        for error in errors:
            flash(error)
    return redirect(url_for("register"))
```

以上代码中，先使用 RegisterForm 创建了一个 form 对象，并且把 request.form 作为参数传给 RegisterForm，request.form 是一个类字典类型，以键-值对的形式保存了从浏览器中提交上来的表单数据。然后再调用 form.validate()方法判断 RegisterForm 中定义的所有字段是否都验证通过，如果是，则通过 form.<字段名>.data 来获取对应字段的数据，这里是从 form 对象上获取数据而不是从 request.form 上获取数据的原因是，服务器获取从浏览器提交上来的数据，其本质上都是字符串类型，所以 request.form 上所有数据都是字符串类型，但是通过 form 对象获取的数据则是经过处理后的，如某个字段是 IntegerField，那么通过 form 对象获取到的则是整型。以上代码有个小细节，在视图中不需要获取 confirm_password 的值，原因是 confirm_password 字段存在的意义就是为了验证其值和 password 是否一致，如果表单验证通过，则意味着 confirm_password 与 password 是相等的，所以没有必要再重新获取一次了。在所有数据都获取到后，就可以把数据存储到数据库中，或者再做其他操作。

如果表单验证失败，则可以通过 form.errors 获取错误信息。form.errors 是字典类型，key 是字段名称，value 是错误信息的列表。如在注册表单中什么都不输入，直接单击"提交"按钮，则 form.errors 的值如下所示。

{'username': ['请输入正确长度的用户名！'], 'email': ['请输入正确格式的邮箱！'], 'password': ['请输入正确长度的密码！']}

所以在表单验证失败的情况下，首先通过循环 form.errors.values()获取所有错误内容，并存储到 flash 中。然后在模板中把 flash 消息显示出来，register.html 修改后的代码如下。

```
...
    <ul>
      {% for message in get_flashed_messages() %}
       <li>{{ message }}</li>
      {% endfor %}
    </ul>
  </form>
</body>
</html>
```

> **注意**
> 使用 flash 消息，必须先在 app 上配置 SECRET_KEY，或直接通过 app.secret_key 来设置秘钥。

如果在浏览器中访问 http://127.0.0.1:5000/register，然后在表单不输入任何信息，直接单击"提交"按钮，那么网页将展现出如图 6-2 所示的效果。

图 6-2　显示表单错误消息

6.1.3　自定义验证字段

虽然 WTForms 中提供了许多验证器，但有时候我们还是需要自定义验证逻辑。还是以 RegisterForm 为例，在验证 email 字段时，除了验证是否满足邮箱的格式规则，还需要验证邮箱是否已经被注册过，这时就必须查询数据库，判断邮箱是否存在。如果要自定义某个字段的验证逻辑，可以通过在表单类中自定义方法 validate_<字段名>来实现，这里以验证 email 为例，示例代码如下。

```
from wtforms import Form, StringField, ValidationError
...
```

```python
registed_email = ['aa@example.com', 'bb@example.com']

class RegisterForm(Form):
    ...

    def validate_email(self, field):
        email = field.data
        if email in registed_email:
            raise ValidationError("邮箱已经被注册！")
        return True
```

这里为了模拟从数据库中判断邮箱是否已经被注册，定义了一个 registed_email 变量，代表已经被注册的邮箱，读者可自行结合 ORM 知识实现真实的数据库查找。接着定义了一个 validate_email(self,field)方法，以后在视图函数中调用 form.validate()方法时，RegisterForm 底层会自动调用 validate_email 方法，并且会传递一个 field 参数，这里因为验证的是 email 字段，所以这个 field 参数代表的是 email 字段，如果验证的是其他字段，则 field 会代表相应字段。然后通过 field.data 拿到对应的值，再进行逻辑判断，如果认为验证失败了，则可以抛出 wtforms.ValidationError 异常，并且指定一个错误消息，这个错误消息会出现在 form.errors 中，否则直接返回 True 即可。

6.2 渲染表单模板

WTForms 和 Flask-WTF 提供了将 Python 表单对象渲染成 HTML 表单模板的功能。这里以登录为例，先来实现一个登录的表单类，代码如下。

```python
from wtforms import Form, StringField,BooleanField,SubmitField,ValidationError
from flask_wtf import FlaskForm

...

class LoginForm(FlaskForm):
    email = StringField(label="邮箱：",validators=[email(message="请输入正确格式的邮箱！")], render_kw={"placeholder":"请输入邮箱"})
    password = StringField(label="密码：",validators=[length(min=6, max=20, message="请输入正确长度的密码！")], render_kw={"placeholder":"请输入密码"})
    remember = BooleanField(label="记住我：")
    submit = SubmitField(label="提交")
```

这里定义了一个 LoginForm 类，并使其继承自 FlaskForm 类。FlaskForm 的父类是 wtforms.Form 类，其在 wtforms.Form 类的基础上增加了一些方便的方法，以使在验证表单数据时，不再需要手动传入 request.form。接着分别定义了 email、password、remember 和 submit 这 4 个字段，这 4 个字段都新增了一个 label 参数，这个参数在渲染表单模板时会为除 submit 以外的字段生成一个 label 标签，因为 submit 是一个提交按钮，在提交按钮中 label 参数会被设置成属性 value 的值。如果在表单标签上设置一些属性，如 placeholder，可以通过参数 render_kw 来实现。

表单类定义好后，就可以在视图函数中使用了，因为现在表单类跟模板深度结合，所以使用方式跟之前有所不同，先看如下示例代码。

```python
from forms import RegisterForm,LoginForm

...

@app.route("/login",methods=['GET','POST'])
def login():
    form = LoginForm(meta={"csrf":False})
    if form.validate_on_submit():
        email = form.email.data
        password = form.password.data
        return redirect("/")
    return render_template("login.html",form=form)
```

上述代码中，先定义了一个 login 视图函数，并使得其同时支持 GET 和 POST 请求。然后创建了一个 LoginForm 对象，并且通过传递 meta 参数，关闭了 CSRF 验证（关于 CSRF，6.3 节会讲到，这里先关闭即可）。我们重点关注渲染模板的代码，这里把 form 对象传给了 login.html 模板，而在 login.html 模板中，现在就可以使用 form 对象来渲染表单元素了，代码如下。

```html
<form action="" method="POST">
  <table>
   <tbody>
    <tr>
     <td>{{ form.email.label }}</td>
     <td>{{ form.email }}</td>
    </tr>
    {% for error in form.email.errors %}
    <tr>
     <td></td>
     <td>{{ error }}</td>
    </tr>
```

```
      {% endfor %}
      <tr>
        <td>{{ form.password.label }}</td>
        <td>{{ form.password }}</td>
      </tr>
      {% for error in form.password.errors %}
      <tr>
        <td></td>
        <td>{{ error }}</td>
      </tr>
      {% endfor %}
      <tr>
        <td>{{ form.remember.label }}</td>
        <td>{{ form.remember() }}</td>
      </tr>
      <tr>
        <td></td>
        <td>{{ form.submit }}</td>
      </tr>
    </tbody>
  </table>
</form>
```

上述代码中，首先通过 form.<字段名>.label 渲染了 email、password 和 remember 这 3 个字段的 label 标签，然后通过 form.<字段名>渲染对应的 input 标签。在每个字段下面循环 form.<字段名>.errors 进行验证，如果验证出现错误，会把所有的错误信息展示出来。

然后我们再回过头去看 login 视图函数，重点关注表单验证部分的代码。

```
...
def login():
    form = LoginForm(meta={"csrf":False})
    if form.validate_on_submit():
        email = form.email.data
        password = form.password.data
        return redirect("/")
    return render_template("login.html",form=form)
```

以上代码中，通过调用 form.validate_on_submit()方法判断是否通过 POST 请求使表单验证成功，如果验证通过，则进入下一步操作，否则依然渲染 login.html 模板。其实此时的 form 上已经保存了验证失败的错误信息，因为在模板中通过 form.<字段名>.errors 已经获取到了对应字段的错误信息。所以如果访问 http://127.0.0.1:5000/login，不输入任何数据，并直接单击"提交"按钮，可以看到如图 6-3 所示的效果。

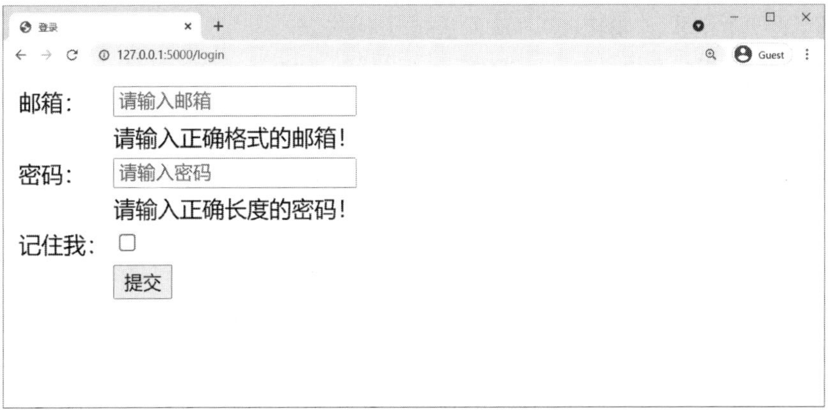

图 6-3 不输入数据直接登录效果

如果输入正确格式的邮箱和密码，再单击"提交"按钮，则会跳转到首页。

> **注意**
>
> 关于使用 WTForms 和 Flask-WTF 在模板中渲染表单，个人不太推荐。在 Python 类中定义 HTML 标签及其样式，会提高代码间的耦合度，造成本应在 HTML 模板中完成的工作，却要在 Python 文件中修改，特别是在前后端开发工程师共同开发项目的情况下，这种项目结构的缺点更是异常突出。

6.3　CSRF 攻击

CSRF（cross site request forgery，跨站请求伪造）是一种网络攻击，这种攻击方式在 HTTP 协议出现时即存在，令其名声大噪的事件，是在 2007 年，谷歌旗下的 Gmail 因为 CSRF 漏洞被黑客攻击而造成了巨大损失。先来了解一下 CSRF 攻击原理，如果读者能理解原理最好，如果不能理解，学完 cookie 和 session 部分的知识再回过头来理解也可以。

CSRF 攻击原理：网站通常都是通过 cookie 来实现登录功能的，而浏览器在访问某个网站时，会自动把这个网站之前保存在浏览器中的 cookie 数据携带到服务器上去。这时候就存在一个漏洞，假设现在有一个病毒网站，这个网站在源代码中添加了恶意的 JavaScript 代码，在你访问这个网站时，会自动给具有 CSRF 漏洞的网站服务器发送请求（如给某个银行发起转账请求）。因为在发送请求时，浏览器会自动把这个网站的 cookie 数据发送给对应的服务器，而此时对应的服务器（如某银行网站）不知道这个请求是伪造的还是用户自己发起的，就被欺骗过去了，从而达到在用户不知情的情况下，给某个服务器发送了一个请求（如转账），从而造成了损失。

1. 防御 CSRF 攻击原理

CSRF 攻击的要点，就是在向服务器发送请求时，相应的 cookie 会自动地被发送给对应的服务器，而服务器不知道这个请求是用户发起的还是伪造的。因此，可以在用户每次访问有表单的网页时，在表单中加入一个随机的字符串，如 csrf_token，同时在 cookie 中也加入一个具有相同值的 csrf_token 键-值对。以后再给服务器发送请求时，必须在表单以及 cookie 中都携带 csrf_token。因为在不同域名下的 JavaScript 无法操作对方的 cookie，所以服务器只有在检测到 cookie 中的 csrf_token 和表单中的 csrf_token 相同时，才认为这个请求是正常的，否则就认为请求是伪造的，服务器就会进行防御，那么黑客就没办法进行攻击了。

2. Flask-WTF 防御 CSRF 攻击

使用 Flask-WTF 可以方便地实现 CSRF 防御。CSRF 防御可以分成 3 种方式，第 1 种是全局防御，第 2 种是使用单表单防御，第 3 种是使用 AJAX。这 3 种方式的前提都是已经在 cookie 中设置好了 csrf，然后再从表单中获取 csrf_token，对比两者是否一致，一致则验证通过，否则即为验证失败。下面分别进行讲解。

1）全局防御

CSRF 全局防御是通过创建 Flask-WTF 中的 CSRFProtect 类对象实现的，这个类接收 app 作为参数，在使用 CSRFProtect 创建对象后，其会自动在 Jinja2 模板的上下文中添加 csrf_token 函数，然后通过在模板中调用这个函数，就会自动生成 csrf_token。app.py 中创建 CSRFProtect 对象的示例代码如下。

```
from flask_wtf import CSRFProtect

app = Flask(__name__)
app.secret_key = "自定义的app密钥"
CSRFProtect(app)
```

添加完以上代码后，我们就可以在模板中使用 csrf_token 函数来获取值了。如还是以 register.html 为例，添加完 csrf_token 后的 register.html 代码如下。

```
...
<form action="{{ url_for('register') }}" method="POST">
  <table>
    <tr>
      <td></td>
      <td><input type="hidden" name="csrf_token" value=
```

```
"{{ csrf_token() }}"></td>
    </tr>
...
```

上述代码中，添加了一个 type 为 hidden 的 input 标签，这个标签不会被显示在浏览器上，但是单击"提交"按钮时，还是会把这个标签上的值发送给服务器。然后还给这个标签的 name 设置为 csrf_token，除非通过配置文件已经修改了，否则必须将该 input 标签的 name 值设置为 csrf_token，接着再调用 csrf_token 函数，设置 value 属性的值。这样渲染完模板后，在浏览器中访问 http://127.0.0.1:5000/register，然后在页面右击，在弹出的快捷菜单中选择"查看网页源代码"命令，在源代码页面可以看到生成类似如图 6-4 所示的代码。

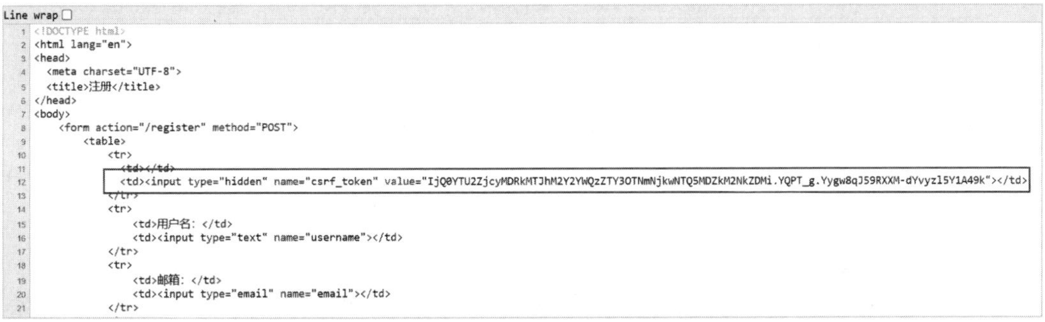

```
<!DOCTYPE html>
<html lang="en">
<head>
    <meta charset="UTF-8">
    <title>注册</title>
</head>
<body>
    <form action="/register" method="POST">
        <table>
            <tr>
                <td></td>
                <td><input type="hidden" name="csrf_token" value="IjQ0YTU2ZjcyMDRkMTJhM2Y2YWQzZTY3OTNmNjkwNTQ5MDZkM2NkZDMi.YQPT_g.Yygw8qJ59RXXM-dYvyzl5Y1A49k"></td>
            </tr>
            <tr>
                <td>用户名: </td>
                <td><input type="text" name="username"></td>
            </tr>
            <tr>
                <td>邮箱: </td>
                <td><input type="email" name="email"></td>
            </tr>
```

图 6-4 注册页面中生成的 csrf_token 标签代码

表单中有了 csrf_token 以后，在视图函数中调用 form.validate()方法时，RegisterForm 就会自动对比 request.form 中的 csrf_token 是否和 cookie 中的 csrf 值相等，相等就验证通过，否则就验证失败。

2）单表单防御

单表单防御是通过在模板中传递 FlaskForm 子类对象实现的，也就是 6.2 节中登录功能的实现。FlaskForm 子类默认是开启了 csrf 防御，如果想要关闭，可以在创建表单对象时传递 meta={"csrf":False}来实现，示例代码如下。

```
form = LoginForm(meta={"csrf":False})
```

如果要开启 csrf 防御，在创建表单时不传递 meta 参数即可。在 login.html 模板中，只要渲染 form.csrf_token，就会自动生成 type 为 hidden 类型的 input 标签，示例代码如下。

```
<form action="" method="POST">
  <table>
    <tbody>
```

```
<tr>
  <td></td>
  <td>{{ form.csrf_token }}</td>
</tr>
```

我们在浏览器中访问 http://127.0.0.1:5000/login，然后查看其网页源代码，可以看到如图 6-5 所示代码。

图 6-5　登录页面中生成的 csrf_token

同理，以后在视图函数中调用 form.validate()方法时会自动和 cookie 中的 csrf 进行对比，判断是否验证通过。

3）使用 AJAX

使用 AJAX 提交表单数据，前提是要开启全局 CSRF 保护。为了方便，首先我们会在 HTML 父模板的 head 标签内添加一个 meta 标签，然后把 csrf_token 渲染到 meta 标签中。渲染到父模板中的原因是，为了让所有子模板都能获取到 csrf_token，示例代码如下。

```
<!DOCTYPE html>
<html lang="en">
<head>
  <meta charset="UTF-8">
  <title>{% block title %}{% endblock %}</title>
  <meta name="csrf_token" content="{{ csrf_token() }}">
</head>
...
```

在使用 JavaScript 发送请求之前，首先从模板中获取 csrf_token，然后再设置到请求头中。Flask-WTF 验证 csrf_token，除了用 cookie 和表单中的值对比外，还会用 cookie 和请求头中的值对比，从请求头中获取，是通过 X-CSRFToken 参数获取的。这里以 jQuery 为例，设置在每次发送请求之前都添加好 csrf_token，示例代码如下。

```
var csrftoken = $('meta[name=csrf_token]').attr('content')
$.ajaxSetup({
    beforeSend: function(xhr, settings) {
```

```
        if (!/^(GET|HEAD|OPTIONS|TRACE)$/i.test(settings.type) && !this.
crossDomain) {
            xhr.setRequestHeader("X-CSRFToken", csrftoken)
        }
    }
})
```

上述代码中,首先从模板文件中获取 csrf_token 的值,然后通过设置 beforeSend 方法,使得在每次发送请求之前都把 csrf_token 设置到请求头中,这样即可完成 csrf 的验证。

第 7 章 Flask 进阶

7.1 类视图

我们之前定义的视图都是用函数实现的,所以叫作函数视图。视图也可以使用类实现,即叫作类视图。类视图的好处是可以使用继承,把一些脚手架代码在父类中写好,子类只要聚焦到核心代码即可,从而为开发者节省时间。

7.1.1 基本使用

使用 Flask 类视图需要继承自 flask.views.View 类,然后在子类中实现 dispatch_request 方法,这个方法类似于视图函数,可以进行逻辑处理,并且需要返回一个响应。这里以返回所有用户列表为例,用视图函数来实现,示例代码如下。

```python
from flask.views import View

class ShowUsers(View):

    def dispatch_request(self):
        users = User.query.all()
        return render_template('users.html', objects=users)

app.add_url_rule('/users/', view_func=ShowUsers.as_view('show_users'))
```

以上代码中,首先从 flask.views 中导入 View,然后定义类视图 ShowUsers,让其继承自 View。接着实现 dispatch_request 方法,在这个方法中,我们从数据库中获取所有的用户,并且渲染模板,其操作方式跟视图函数一样。最后再把类视图,通过 app.add_url_rule 方法与路由进行绑定,在绑定的时候,必须通过 as_view()方法,把类转换为实际的视图函数，传给 as_view 方法的字符串参数是视图函数的名称，以后通过 url_for 进行反转时，需要使用到这个名称。此时用类视图并没有发现有什么优势，那么我们重构一下，把脚手架代码在父类中提前定义好，用子类去实现核心代码即可，示例代码如下。

```python
from flask.views import View

class ListView(View):

    def get_template_name(self):
        raise NotImplementedError()

    def render_template(self, context):
        return render_template(self.get_template_name(), **context)

    def dispatch_request(self):
        context = {'objects': self.get_objects()}
        return self.render_template(context)

class UserView(ListView):

    def get_template_name(self):
        return 'users.html'

    def get_objects(self):
        return User.query.all()
```

上述代码中，定义了一个 ListView 父视图，在这个父视图中提前定义好了用于获取模板的 get_template_name 方法，因为父视图无法知道具体的模板，所以抛出 NotImplementedError 异常，因此子视图必须要实现这个方法，并且返回模板路径。此外，还定义了用于渲染模板的 render_template 方法，以及分发请求的 dispatch_request 方法。子视图 UserView 分别实现了 get_template_name 和 get_objects 方法，这样子视图就在代码量最小的情况下实现了列表渲染功能。

7.1.2 方法限制

在函数视图中，通过 @app.route 的 methods 参数即可限制请求的方法。类视图则通过定义 methods 类属性实现限制请求的功能，示例代码如下。

```python
class MyView(View):
    methods = ['GET', 'POST']
```

```
    def dispatch_request(self):
        if request.method == 'POST':
            ...
        ...

app.add_url_rule('/myview', view_func=MyView.as_view('myview'))
```

上述代码中,在 MyView 中定义了 methods 属性,以后这个类视图就只能通过 GET 和 POST 方法进行访问了。

7.1.3 基于方法的类视图

现在的类视图是通过判断 request.method 来实现不同方法的逻辑代码,如果让子视图继承自 flask.views.MethodView,则可以在类视图中重写对应小写形式的方法,如 GET 请求则实现 get 方法,POST 请求则实现 post 方法,flask 会自动根据浏览器请求的 HTTP 方法执行对应的方法,示例代码如下。

```
from flask.views import MethodView

class UserAPI(MethodView):

    def get(self):
        users = User.query.all()
        ...

    def post(self):
        user = User.from_form_data(request.form)
        ...

app.add_url_rule('/users/', view_func=UserAPI.as_view('users'))
```

以后在访问/users/这个 URL 时,如果用 GET 方法请求,那么就会执行 UserAPI 的 get 方法,用 POST 方法请求,就会执行 UserAPI 的 post 方法,示例代码如下。

```
class UserAPI(MethodView):

    def get(self):
        users = User.query.all()
        ...

    def post(self):
        user = User.from_form_data(request.form)
```

```
    ...
app.add_url_rule('/users/', view_func=UserAPI.as_view('users'))
```

7.1.4 添加装饰器

在类视图中，如果想要添加装饰器，如某些视图需要登录才能访问，则可以在类视图中定义一个类属性 decorators 来实现，示例代码如下。

```
class UserAPI(MethodView):
    decorators = [user_required]
```

以上代码中，user_required 是自定义的装饰器，读者可以自行实现。

7.2 蓝 图

现在所有的视图函数都是写在 app.py 文件中，随着项目越来越复杂，这种写法会导致 app.py 文件越来越臃肿，大幅地提高了后期项目维护的成本。对于一个商业项目而言，我们应该把代码进行模块化，蓝图就是为此而生的。我们以豆瓣网为例，豆瓣网目前有几个模块，分别为读书、电影、音乐、同城、小组、阅读等。每个模块都可以用一个蓝图来实现，最终在 app 中统一注册所有的蓝图，可以让项目结构更加清晰有序。下面对蓝图的使用进行讲解。

7.2.1 基本使用

这里以用户模块为例，注册一个蓝图，示例代码如下。

```
from flask import Blueprint
bp = Blueprint('user',__name__,url_prefix='/user')

@bp.route('/list')
def user_list():
    return "用户列表"

@bp.route('/profile/<user_id>')
def user_profile(user_id):
    return "用户简介"
```

以上代码中，首先从 flask 中导入了 Blueprint 类，然后使用该类初始化一个对象，在初始化这个对象时传递了 3 个参数，3 个参数的说明如下。

（1）蓝图名称：第 1 个参数是蓝图的名称，在使用 url_for 反转蓝图中的某个视图时，需要用到蓝图名.视图名，如反转 user_list，则代码为 url_for("user.user_list")。

（2）模块名：第 2 个参数是模块名，一般设置为__name__，用于寻找模板文件和静态文件。

（3）URL 前缀：第 3 个参数是 URL 前缀，以后访问这个蓝图的所有 URL，都必须加上/user 前缀，如获取用户列表的 URL 为/user/list。

蓝图注册完成后，还需要在 Flask 对象 app 中进行注册，示例代码如下。

```
from user import bp as user_bp
...
app.register_blueprint(user_bp)
```

7.2.2　寻找模板

在蓝图中渲染模板，默认会从项目根路径下的 templates 文件夹中寻找。如果想要更换寻找路径，可以在初始化 Blueprint 对象时，通过传递 template_folder 参数实现，示例代码如下。

```
bp=Blueprint('user',__name__,url_prefix='/user',template_folder='templates')
```

这样以后在渲染模板文件时，如 return render_template("user.html")，默认就会从项目的根路径下的 templates 文件夹中寻找 user.html，如果没有找到，则再从蓝图所在的文件夹下的 templates 文件夹中寻找。

7.2.3　寻找静态文件

默认是不设置任何静态文件路径的，Jinja2 会在项目根路径下的 static 文件夹中寻找静态文件。在初始化 Blueprint 对象时，通过 static_folder 参数可以指定静态文件的路径，示例代码如下。

```
bp=Blueprint('user',__name__,url_prefix='/user,static_folder='static')
```

static_folder 可以是相对路径（相对蓝图文件所在的目录），也可以是绝对路径。在配置完蓝图后，还需要注意如何在模板中引用静态文件。在模板中引用蓝图，应该使用蓝图名+.+static 的格式来引用，示例代码如下。

```
<link href="{{ url_for('user.static',filename='about.css') }}">
```

7.3 cookie 和 session

cookie 和 session 是 Web 开发中经常被使用的技术，因为 HTTP 请求是无状态的，也就是说每次请求间是相互独立的，如第一次请求成功后，接着发起第二次请求时，服务器依然不知道是谁发起的请求。而 cookie 和 session 就是为了解决这个问题而出现的。

7.3.1 关于 cookie 和 session 的介绍

1. cookie

cookie 的出现，就是为了解决 HTTP 请求无状态的问题。如果想要识别用户，可以在用户第一次请求后，在服务器端生成一段能识别用户的数据，存放到 cookie 中，然后返回给浏览器，浏览器会自动存储 cookie 数据。当该用户对同一网站发送第二次请求时，浏览器会自动把上次请求获取的 cookie 发送给服务器，服务器通过浏览器发送的 cookie 就能知道是哪个用户了。cookie 存储的数据量有限，不同的浏览器存储容量也不同，但一般不超过 4KB，因此 cookie 只适合存储少量的数据。

2. session

session 与 cookie 的作用类似，都是为了存储用户相关的信息。不同的是，cookie 是存储在浏览器中，而 session 是一个概念，一个服务器存储授权信息的解决方案，不同的服务器，不同的框架，不同的编程语言都有不同的实现。Web 开发发展至今，session 的使用已经有了非常成熟的解决方案。在如今的市场环境中，一般 session 的存储有以下两种方式。

（1）存储在服务器端：服务器在存储 session 时，首先生成 session_id，然后把 session_id 和具体的 session 数据进行关联，并存储在服务器端，如数据库，或者是缓存中（如 Memcached、Redis）。接着把 session_id 存放到 cookie 中返回给浏览器，下次用户访问时，因为 cookie 会自动携带，所以服务器可以从 cookie 中获取 session_id，然后再从数据库或者缓存中获取具体的 session 数据。把 session 存储在服务器的好处是更加安全，不容易被窃取，坏处是会占用服务器资源，但是现在硬件条件已经非常先进了，存储一些 session 信息还是绰绰有余的。

（2）存储在客户端：在存储 session 时，先将 session 进行加密，然后直接存储在 cookie 中返回给浏览器，下次用户访问时，则从 cookie 中获取 session 数据。Flask 默认就是采用这种方式,当然也可以替换为存储在服务器端的方式。

7.3.2 Flask 中使用 cookie 和 session

1. Flask 中操作 cookie

在 Flask 中操作 cookie 是通过响应对象实现的,如 Response 或者其子类。Response 及其子类有一个 set_cookie 方法可以设置 cookie,set_cookie 的参数如下。

- ☑ key:设置 cookie 的 key。
- ☑ value:设置 cookie 的 value。
- ☑ max_age:设置 cookie 距离现在多少秒后过期。
- ☑ expires:设置 cookie 具体的过期时间,类型为 datetime 或者时间戳。
- ☑ domain:设置 cookie 在哪个域名中有效。一般是设置子域名也能共享 cookie,如 cms.example.com。
- ☑ path:设置 cookie 在当前域名下的哪些 path 下有效,默认是在所有 path 下都有效。

在 Flask 中设置和获取 cookie 的示例代码如下。

```
from flask import make_response,request

# 设置 cookie
@app.route('/')
def index():
    resp = make_response(render_template(...))
    resp.set_cookie('username', 'the username')
    return resp

# 获取 cookie
@app.route('/user')
def user():
    username = request.cookies.get('username')
```

上述代码中,首先通过 make_response 获取一个 Response 对象,然后调用 set_cookie 方法设置 cookie 数据,最后在 user 视图函数中,通过 request.cookies.get 方法来获取 cookie 数据。

2. Flask 中操作 session

在 Flask 中操作 session 是通过全局对象 flask.session 实现的,flask.session 是一个类字典形式,因此对 session 做增删改查操作时都可以使用字典相关的方法,示例代码如下。

```python
from flask import session

# 设置 session
@app.route('/')
def index():
    session["username"] = "the username"
    ...

# 获取 session
@app.route('/')
def user():
    username = session['username']
    ...
```

另外，使用 session 的前提是，在 app.config 中配置好 SECRET_KEY。

7.4　request 对象

在 Flask 项目中，如果要获取客户端提交上来的数据，可以通过全局线程安全对象 flask.request 实现。flask.request 对象封装了许多属性和方法，常用的属性和方法如表 7-1 所示。

表 7-1　常用的属性和方法

属　　性	描　　述
args	客户端通过查询字符串传过来的参数，其中查询字符串是经过解析的
form	客户端通过表单传过来的参数
url	当前请求的 URL
base_url	类似于 URL，但是会去掉查询字符串参数
cookies	客户端发送过来的 cookie 数据
files	客户端发送过来的文件数据
json	客户端通过 mime/type 为 application/json 的方式发送过来的 JSON 数据
headers	客户端发送过来的请求头数据
host	客户端请求当前服务器所用的域名
host_url	客户端请求当前服务器协议以及所用的域名
is_secure	是否用 HTTPS 或者 WSS 协议发送
method	当前请求所用的方法，如 GET 和 POST 等
path	客户端发送请求的 URL 中 path 部分

续表

属性	描述
query_string	客户端发送的查询字符串,没有经过解析。args 属性是经过解析的
remote_addr	客户端发送请求所用的地址,可以是 IP 地址或者域名
user_agent	通过 user_agent.string 可以获取发送请求的浏览器类型

flask.request 对象完整的属性和方法,请参考 Flask 官方文档 https://flask.palletsprojects.com/en/2.0.x/api/#incoming-request-data。

7.5 Flask 信号机制

信号是 Flask 中一项非常强大的功能。从软件工程角度讲,可以让数据传递代码彼此解耦;从功能实现角度讲,可以在某个事件发生时,就自动执行一系列的配套操作。下面分别讲解自定义信号和 Flask 内置信号。

7.5.1 自定义信号

Flask 从 0.6 版本开始就支持信号机制。信号的作用是在发生某个事情时,直接通知某个函数执行,可以达到代码间解耦的作用。Flask 中的信号是通过第三方库 blinker 实现的。我们先来学习一下如何创建信号以及发送信号,创建信号的示例代码如下。

```
from blinker import Namespace
# 定义 Namespace 对象
my_signals = Namespace()

# 创建名称为 model-saved 的信号
model_saved = my_signals.signal('model-saved')
```

上述代码中,首先是创建了一个 Namespace 对象 my_signals,然后通过 my_signals.signal 方法添加了一个名称为 model-saved 的信号。接着还需要订阅此信号,也就是在发生此信号时,需要执行什么代码,示例代码如下。

```
def log_model_saved(sender):
    print("捕获到信号,发送者为: {}".format(sender))

my_signals.connect(log_model_saved)
```

上述代码中,首先通过 my_signals.connect 方法订阅信号,在信号产生后,会执行

log_model_saved 方法。然后在其他代码中如有需要的情况，就可以通过 my_signals.send 来发送信号了，示例代码如下。

```
class Model(object):
    ...
    def save(self):
        model_saved.send(self)
```

上述代码中，model_save.send 方法中的第 1 个参数是发送者，在订阅的函数中可以通过 sender 参数获取发送者的信息。

7.5.2　Flask 内置信号

flask 中已经提前内置了许多信号，在相应的事件发生后，会发送信号，我们只需监听即可。在监听的时候，可以设置只接收哪个发送者发送的信号，一般设置为 app。下面来介绍常用的信号。

1．flask.template_rendered

模板渲染完毕后会发送此信号，示例代码如下。

```
from flask import template_rendered
def log_template_renders(sender,template,context,*args):
    print('sender:',sender)
    print('template:',template)
    print('context:',context)
template_rendered.connect(log_template_renders,app)
```

2．flask.request_started

在接收到请求且到达视图函数之前会发送此信号，示例代码如下。

```
def log_request_started(sender,**extra):
    print 'sender:',sender
    print 'extra:',extra
request_started.connect(log_request_started,app)
```

3．flask.request_finished

请求结束后，在响应发送到客户端之前会发送此信号，示例代码如下。

```
def log_request_finished(sender,response,*args):
```

```
    print 'response:',response
request_finished.connect(log_request_finished,app)
```

4. flask.got_request_exception

在请求过程中出现异常时会发送此信号，示例代码如下。

```
def log_exception_finished(sender,exception,*args):
    print 'sender:',sender
    print type(exception)
got_request_exception.connect(log_exception_finished,app)
```

5. flask.request_tearing_down

请求完成后，在对象被销毁之前会发送此信号。即使请求过程中发生异常，也会发送此信号，示例代码如下。

```
def log_request_tearing_down(sender,**kwargs):
    print 'coming...'
request_tearing_down.connect(log_request_tearing_down,app)
```

7.6 常用钩子函数

钩子函数是从收到请求到响应请求在整个链条中可以进行拦截的函数，钩子函数都是通过装饰器来注册的。常用的钩子函数如下。

1. before_first_request

在收到第一个请求之前执行，示例代码如下。

```
@app.before_first_request
def first_request():
    print 'first time request')
```

2. before_request

在每次收到请求之前执行，示例代码如下。

```
@app.before_request
def before_request():
    if not hasattr(g,'user'):
        setattr(g,'user','xxxx')
```

3. teardown_appcontext

不管是否有异常,都会在每次请求之后执行,示例代码如下。

```
@app.teardown_appcontext
def teardown(exc=None):
    if exc is None:
        db.session.commit()
    else:
        db.session.rollback()
```

4. context_processor

上下文处理器在每次渲染模板时,会把这个钩子函数中返回的数据添加到模板中,示例代码如下。

```
@app.context_processor
return {'current_user':'xxx'}
```

5. errorhandler

用于指定在出现非 200 状态码时的错误处理方法,示例代码如下。

```
@app.errorhandler(404)
def page_not_found(error):
    return 'This page does not exist',404
```

7.7 上 下 文

在使用 Flask 开发项目时,经常会使用到 4 个全局变量,即 request、session、current_app 和 g,这 4 个全局变量就是上下文对象。上下文对象是 Flask 中的一个非常优雅的设计,其作用是在一个请求到来之后,不需要再把一些常用的对象在函数间层层传递。Flask 中的上下文对象相关说明如表 7-2 所示。

表 7-2 Flask 中的上下文对象

上下文对象	类型	说明
flask.request	请求上下文	保存了用户请求的信息
flask.session	请求上下文	用于记录多次请求之间的状态,默认加密后存储到 cookie 中,也可自定义存储方式
flask.current_app	应用上下文	获取当前的 app 对象,此对象并非真正的 app 对象,而是 app 对象的代理
flask.g	应用上下文	全局对象,常用于请求到来后函数间共享数据

7.7.1 线程隔离对象

在学习上下文对象的原理之前，我们首先需要理解线程隔离对象。线程隔离对象可以使数据在多个线程间拥有独自的备份，不会被其他线程影响。在 Flask 中，每收到一个请求则开启一个线程，而表 7-2 中的上下文对象因为是被存放到了线程隔离对象中，所以即使是定义成全局变量，在每个线程间都独有一份备份。

在 Python 内置的 threading 模块中，通过 threading.local()即可创建一个用于保存线程隔离对象的变量，示例代码如下。

```python
import threading

thread_local = threading.local()
thread_local.name = "我是主线程的"

def thread_func(index):
    thread_local.name = f"我是{index}线程的"
    print(thread_local.name)

if __name__ == '__main__':
    for x in range(1,3):
        th = threading.Thread(target=thread_func, kwargs={"index": x})
        th.start()
        th.join()
    print(thread_local.name)
```

上述代码中，首先创建了 threading.local 类的对象，然后在这个对象上绑定了 name 属性，之后在主线程和子线程中分别赋不同的值。执行上述代码会发现，每个线程的 name 值都是不一样的，并且一个线程修改了 name 的值，并不会影响到其他线程。线程隔离对象实现的原理并不复杂，我们只需根据线程 id 进行区分即可。

除了内置的 threading 模块提供的线程隔离对象外，werkzeug 也单独定义了一个 werkzeug.local.Local 类，这个类的实现逻辑与 threading.local 大同小异，下面我们先来看 werkzeug.local.Local 源代码（为了让读者关注核心代码，笔者对源代码进行了删改）。

```python
try:
    from greenlet import getcurrent as _get_ident
except ImportError:
    from threading import get_ident as _get_ident

class ContextVar:
```

```python
    def __init__(self, _name: str) -> None:
        self.storage: t.Dict[int, t.Dict[str, t.Any]] = {}

    def get(self, default: t.Dict[str, t.Any]) -> t.Dict[str, t.Any]:
        return self.storage.get(_get_ident(), default)

    def set(self, value: t.Dict[str, t.Any]) -> None:
        self.storage[_get_ident()] = value


class Local:
    __slots__ = ("_storage",)

    def __init__(self):
        object.__setattr__(self, "_storage", ContextVar("local_storage"))

    def __getattr__(self, name):
        values = self._storage.get({})
        try:
            return values[name]
        except KeyError:
            raise AttributeError(name)

    def __setattr__(self, name, value):
        values = self._storage.get({}).copy()
        values[name] = value
        self._storage.set(values)
    ...
```

上述代码中，首先在 Local 类中创建_storage 对象，其值为 ContextVar 对象，又在 ContextVar 中则定义了一个 storage 对象，此对象为一个字典类型，如果当前环境中安装了 greenlet，则使用 greenlet 的协程 id 作为字典的键，否则使用 threading 模块的线程 id 作为键。storage 字典的值也是一个字典，这个字典中存放的就是绑定到这个 Local 对象上的属性名和属性值。阅读 Local 的 __getattr__ 和 __setattr__ 方法后发现，绑定到 Local 对象上的属性，实际上是间接绑定到_storage.storge 上了。werkzeug.local.Local 就是通过这种技术，实现了线程隔离的对象。

7.7.2 LocalStack 类

werkzeug.local.LocalStack 类是一个将对象存放到 werkzeug.local.Local 上的栈结构。

flask.request、flask.app 等都是存放在这个类的对象上的，以下为 LocalStack 的源代码（为了便于理解，笔者对源代码进行了删改）。

```python
class LocalStack:

    def __init__(self) -> None:
        self._local = Local()

    def __call__(self) -> "LocalProxy":
        def _lookup() -> t.Any:
            rv = self.top
            if rv is None:
                raise RuntimeError("object unbound")
            return rv

        return LocalProxy(_lookup)

    def push(self, obj: t.Any) -> t.List[t.Any]:
        rv = getattr(self._local, "stack", []).copy()
        rv.append(obj)
        self._local.stack = rv
        return rv  # type: ignore

    def pop(self) -> t.Any:
        stack = getattr(self._local, "stack", None)
        if stack is None:
            return None
        elif len(stack) == 1:
            release_local(self._local)
            return stack[-1]
        else:
            return stack.pop()

    @property
    def top(self) -> t.Any:
        try:
            return self._local.stack[-1]
        except (AttributeError, IndexError):
            return None
...
```

上述代码提供了非常方便的 push 方法，用于往栈中添加数据，通过 pop 方法从栈顶中删除数据，通过 top 属性可以获取栈顶数据。并且所有数据都存放在 Local 对象上，因此保证了数据在多线程中的独有性。那么 LocalStack 在哪里用到了呢？我们进入 flask.globals 模块中，可以看到以下两行代码。

```
_request_ctx_stack = LocalStack()
_app_ctx_stack = LocalStack()
```

其中_request_ctx_stack 用来存放请求上下文的栈对象，_app_ctx_stack 用来存放应用上下文的栈对象。那么又在哪里使用到了这两个对象呢？在一个请求到达 Flask 项目之后，首先会执行 flask.app.wsgi_app 方法，此方法相关源代码如下。

```
def wsgi_app(self, environ: dict, start_response: t.Callable) -> t.Any:
    ctx = self.request_context(environ)
    error: t.Optional[BaseException] = None
    try:
        try:
            ctx.push()
            response = self.full_dispatch_request()
        except Exception as e:
            error = e
            response = self.handle_exception(e)
        except:  # noqa: B001
            error = sys.exc_info()[1]
            raise
        return response(environ, start_response)
    finally:
        if self.should_ignore_error(error):
            error = None
        ctx.auto_pop(error)
```

接收到请求后，wsgi_app 首先会通过 self.request_context 创建一个 RequestContext（请求上下文）对象 ctx，然后调用 ctx.push 方法，我们再来看 ctx.push 方法的源代码。

```
def push(self) -> None:

    # 获取请求上下文栈顶元素
    top = _request_ctx_stack.top
    # 如果存在，则先删除
    if top is not None and top.preserved:
        top.pop(top._preserved_exc)

    # 获取应用上下文栈顶元素
    app_ctx = _app_ctx_stack.top
    # 如果栈中没有元素，则创建一个应用上下文，然后推送到栈中
```

```
        if app_ctx is None or app_ctx.app != self.app:
            app_ctx = self.app.app_context()
            app_ctx.push()
            self._implicit_app_ctx_stack.append(app_ctx)
        else:
            self._implicit_app_ctx_stack.append(None)

        # 将请求上下文推到栈顶
        _request_ctx_stack.push(self)
...
```

查看 push 方法代码后,我们看到了 _request_ctx_stack 和 _app_ctx_stack 两个对象。整体的逻辑是先将应用上下文推送到 _app_ctx_stack 栈顶,然后再推送请求上下文到 _request_ctx_stack 栈顶。这一步操作使我们明白了,请求上下文和应用上下文是一起创建并一起销毁的,但是我们会有如下几个疑问。

☑ 这里推送到请求上下文和应用上下文的对象是后面用到的 request 和 current_app 吗?
☑ LocalStack 中的 LocalProxy 又是用来做什么的?为什么需要它?

7.7.3 LocalProxy 类

通过以下代码可以看到,current_app、request、session、g 这 4 个上下文对象全部是 werkzeug.local.LocalProxy 对象。

```
current_app: "Flask" = LocalProxy(_find_app)  # type: ignore
request: "Request" = LocalProxy(partial(_lookup_req_object, "request"))
session: "SessionMixin" = LocalProxy(  # type: ignore
    partial(_lookup_req_object, "session")
)
g: "_AppCtxGlobals" = LocalProxy(partial(_lookup_app_object, "g"))
```

那么 LocalProxy 是怎么实现的呢?我们先来看 LocalProxy 的核心源代码。

```
class LocalProxy:
    __slots__ = ("__local", "__name", "__wrapped__")

    def __init__(
        self,
        local: t.Union["Local", t.Callable[[], t.Any]],
        name: t.Optional[str] = None,
    ) -> None:
        object.__setattr__(self, "_LocalProxy__local", local)
```

```
        object.__setattr__(self, "_LocalProxy__name", name)

        if callable(local) and not hasattr(local, "__release_local__"):
            object.__setattr__(self, "__wrapped__", local)

    def _get_current_object(self) -> t.Any:
        # 如果 self.__local 没有 __release_local__ 属性（即是一个可以调用的对象）
        if not hasattr(self.__local, "__release_local__"):
            # 调用这个对象
            return self.__local()

        try:
            # 从 self.__local 上获取 self.__name 的值
            return getattr(self.__local, self.__name)
        except AttributeError:
            raise RuntimeError(f"no object bound to {self.__name}")
...
```

因为 LocalProxy 的源代码非常多，我们只截取其中的核心部分。LocalProxy 是一个代理对象，会对创建 LocalProxy 时传进来的 local 对象进行代理。在使用 LocalProxy 对象的某个属性时，会自动执行_get_current_object 方法，此方法会判断 self.__local 是否可以调用，如果可以调用，则执行调用，否则从 self.__local 上获取 self.__name 指定的值。我们再回过头看 current_app 和 request 的实现，代码如下。

```
def _find_app():
    top = _app_ctx_stack.top
    if top is None:
        raise RuntimeError(_app_ctx_err_msg)
    return top.app

def _lookup_req_object(name):
    top = _request_ctx_stack.top
    if top is None:
        raise RuntimeError(_request_ctx_err_msg)
    return getattr(top, name)

current_app: "Flask" = LocalProxy(_find_app)
request: "Request" = LocalProxy(partial(_lookup_req_object, "request"))
```

以上代码中，current_app 是将_find_app 函数传给了 LocalProxy，而_find_app 做的事情非常简单，就是从_app_ctx_stack 应用上下文上获取栈顶数据。所以在使用 current_app

时，实际上是先执行 LocalProxy._get_current_object 方法，然后再执行_find_app 方法将_app_ctx_stack 栈顶数据进行返回。

再看 request，其在创建 LocalProxy 时，传入的是一个偏函数，这里用偏函数可以把 request 传入_lookup_req_object 进行调用。执行此函数时，首先获取_request_ctx_stack 的栈顶元素，然后再获取栈顶元素上的 request 属性。

有读者可能会有疑惑，为什么表 7-2 中的 4 个上下文对象需要使用 LocalProxy 进行代理？原因是 Flask 中的上下文都是动态推送和删除的，如果不用代理，表 7-2 中的 4 个上下文对象只会被赋值一次，不会随着栈元素的更新而更新。

第 8 章 缓存系统

随着网站访问量越来越高，我们应该提高网站的性能和响应速度。其中一个优化点就是减少数据库查询操作，数据库操作是 I/O 操作，它的性能再高也无法和直接在内存中操作相比，因此可以把一些不是非常重要的数据存储到缓存中，如验证码、在线人数、session 等。缓存系统目前用得最多的是 Memcached 和 Redis。Memcached 是一个纯内存的缓存软件，比较轻量级，不具有自动同步数据到硬盘的功能。Redis 则比 Memcached 更强大、更重量级，其除了把数据存储到内存外，还可以自动定时把数据同步到硬盘中。下面将分别进行讲解。

8.1 Memcached

Memcached 是一个高性能的分布式内存对象缓存系统，全世界有不少公司采用这个缓存系统来构建大负载的网站，以分担数据库的压力。Memcached 是通过在内存里维护一张统一的、巨大的 Hash 表来存储各种各样的数据，包括图像、视频、文件以及数据库检索的结果等。简单地说，就是将数据调用到内存中，然后从内存中读取，从而大大提高读取速度。因为 Memcached 是把数据存储到内存中，并且不具有自动同步数据的功能，所以不建议存储一些非常重要的数据，以免因为机器故障导致数据丢失。Memcached 的存储方式是以键-值对的方式存储。

8.1.1 安装 Memcached

Memcached 官方只提供了 Linux 系统的安装包，作为练习，我们可以使用社区版提供的 Windows 版本。这里以 Windows 系统和 Ubuntu 系统为例讲解 Memcached 的安装和基本使用。

1. Windows 系统

因为 Memcached 官方没有提供 Windows 版本，所以只能用社区版，读者可以到 https://www.runoob.com/Memcached/window-install-memcached.html 下载 Windows 版的 Memcached，下载完成后解压可以得到以下文件，如图 8-1 所示。

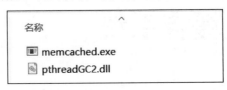

图 8-1　Memcached 解压后的文件

在 cmd 命令行终端输入以下命令完成安装和启动。

- ☑　安装：memcached.exe -d install。
- ☑　启动：memcached.exe -d start。

2. Linux 系统（Ubuntu）

因为 Memcached 官方是支持 Linux 系统的，所以在 Ubuntu 系统中可以直接使用 apt 命令完成安装。在 Ubuntu 系统中安装和启动的命令如下。

- ☑　安装：sudo apt install memcached。
- ☑　启动：/usr/bin/memcached -d start。

在启动 Memcached 时，还可以传递以下参数配置 Memcached 的运行方式。

- ☑　-d：让 Memcached 在后台运行。
- ☑　-m：指定占用多少内存，以 MB 为单位，默认是 64MB。
- ☑　-p：指定运行监听的端口号，默认的端口号是 11211。
- ☑　-l：如设置-l0.0.0.0，表示允许其他机器通过本机 IP 地址连接到本机的 Memcached，默认只能本机连接。

8.1.2　telnet 操作 Memcached

Linux 和 Windows 系统都有 telnet 命令，以下命令都是在 Linux 的终端和 Windows 的 cmd 终端中完成的。在 Memcached 启动的前提下，在终端或者 cmd 中，输入 telnet 127.0.0.1 11211，即可进入 Memcached 命令界面。如果要连接其他机器的 Memcached，则把 127.0.0.1 改成目标机器的 IP 地址即可，并且目标机器在运行时，需要通过-l 参数设置允许其他机器连接的状态。下面对在 Memcached 中使用的命令进行讲解。

1. set 命令

使用 set 命令可以将数据添加到 Memcached 中，如果数据的键在 Memcached 中已存在，则会进行替换，语法如下。

```
set key zip timeout value_length
```

参数的说明如下。
- key：此数据的键。
- zip：是否压缩数据。
- timeout：过期时间，单位为 s。
- value_length：值的长度。

示例命令如下。

```
$ set username 0 60 7
$ zhiliao
```

以上命令，我们设置了键为 username 的数据，过期时间为 60s 后，值的总长度为 7。

2. add 命令

add 命令也是用于添加数据，如果数据的键在 Memcached 中已存在，则会添加失败，语法如下。

```
add key zip timeout value_length
```

示例命令如下。

```
$ add username 0 60 7
$ zhiliao
```

3. get 命令

get 命令用于从 Memcached 中获取数据，如果数据过期，则会获取失败，语法如下。

```
get key
```

示例命令如下。

```
get username
```

4. delete 命令

delete 命令用于从 Memcached 中删除指定键-值对的数据，语法如下。

```
delete key
```

示例命令如下。

```
$ delete username
```

5. flush_all 命令

flush_all 命令用于删除 Memcached 中的所有数据。注意：这条命令要谨慎使用，语法如下。

```
flush_all
```

6. stats 命令

如果要查看当前 Memcached 的运行状态，如总共存储了多少条数据、总共有多少个连接，则可以通过 stats 命令查看，语法如下，命令执行结果如图 8-2 所示。

```
stats
```

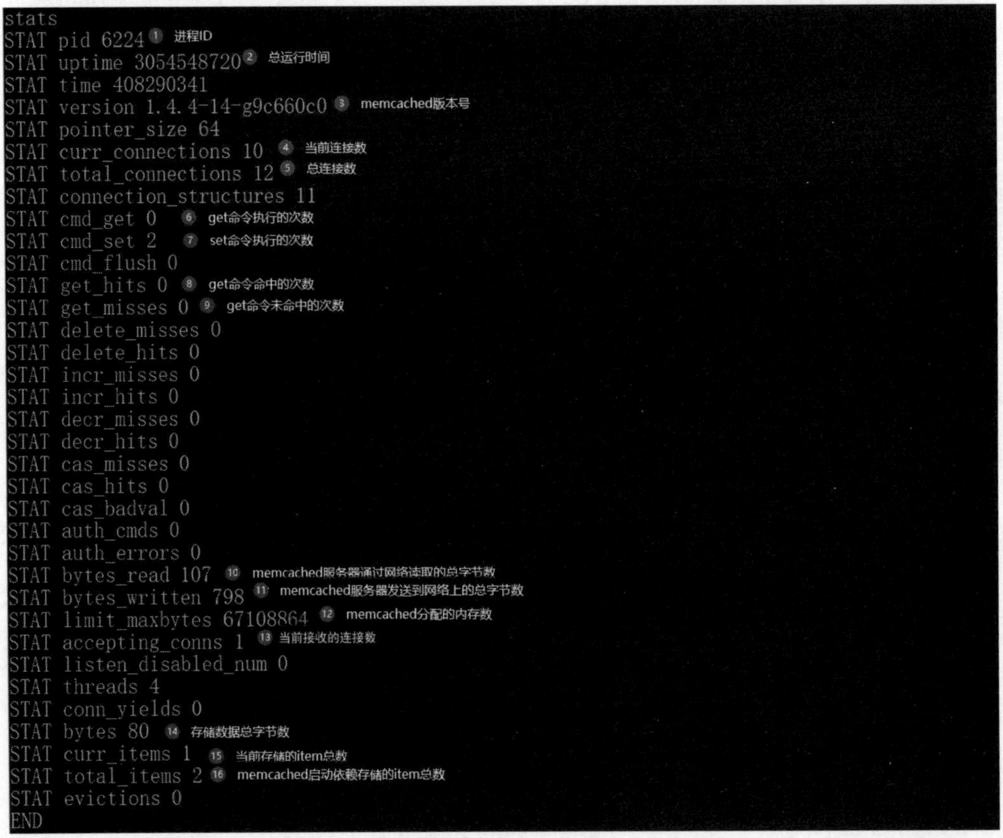

图 8-2　命令执行结果

8.1.3 Python 操作 Memcached

使用 Python 操作 Memcached 需要先安装 python-memcached，安装命令如下。

```
pip install python-memcached
```

安装完 python-memcached 包以后，就可以使用它来连接 Memcached 服务并操作 Memcached 了。下面介绍一下相关操作。

1．建立连接

建立连接，示例代码如下。

```
import memcache
mc = memcache.Client(['127.0.0.1:11211'],debug=True)
```

上述代码中，首先导入了 memcache 模块，然后使用 memcache.Client 类创建了一个对象，并设置了连接到哪个 Memcached 服务器，而且为了更好地看到调试 Memcached 操作代码，设置 debug=True。后续对 Memcached 执行的操作，都是通过 memcache.Client 对象 mc 来实现的。

2．设置数据

通过 mc.set 可以设置一条数据，通过 mc.set_multi 可以一次性设置多条数据，并且通过 time 参数可以设置过期时间，示例代码如下。

```
mc.set('username','hello world',time=60*5)
mc.set_multi({'email':'xxx@qq.com','telephone':'111111'},time=60*5)
```

3．获取数据

通过 mc.get 方法可以获取指定键的值，示例代码如下。

```
mc.get("usename")
```

4．删除数据

通过 mc.delete 方法可以删除指定键的数据，示例代码如下。

```
mc.delete("usename")
```

5．自增长

通过 mc.incr 可以对整型类型的值进行自增长，每执行一次会把值加 1。如设置在线人数，示例代码如下。

```
mc.incr("online_count")
```

6. 自减少

通过 mc.decr 可以对整型类型的值进行自减少，每执行一次会把值减 1。如还是以在线人数为例，示例代码如下。

```
mc.decr("online_count")
```

8.1.4 Memcached 的安全性

Memcached 的操作不需要任何用户名和密码，只需要知道 Memcached 服务器的 IP 地址和端口号即可。因此使用 Memcached 时尤其要注意安全性。这里提供了以下两种安全的解决方案。

- ☑ 使用-l 参数设置只有本地可以连接：这种方式就只能通过本机连接，其他机器都不能访问，可以达到最好的安全性。
- ☑ 使用防火墙关闭对外的 11211 端口：外网无法访问到本机的 11211 端口，也就无法访问到 Memcached 服务。这里以 Ubuntu 系统为例，设置防火墙相关的命令如下。

```
ufw enable            # 开启防火墙
ufw disable           # 关闭防火墙
ufw default deny      # 防火墙以禁止的方式打开，默认是关闭那些没有开启的端口
ufw deny 端口号        # 关闭某个端口
ufw allow 端口号       # 开启某个端口
```

8.2 Redis

Redis 是一种 NoSQL 数据库，它的数据默认是存储在内存中的，同时 Redis 可以定时将内存中的数据同步到硬盘中。Redis 比 Memcached 支持更多的数据结构，除了 bool、int、float、string 基本数据类型，还支持 list（列表）、set（集合）、sorted set（有序集合）、hash（hash 表）。

8.2.1 Redis 使用场景

Redis 的使用场景非常多，包括但不限于以下场景。

- ☑ 登录会话存储：可以把能识别客户端的数据存储在 Redis 中，如 token、session 等。
- ☑ 在线人数/计数器：如现在非常火的直播的实时变动的在线人数、新浪微博的点赞数等，为了提高响应速度，都可以把数据存储在 Redis 中。
- ☑ 作为消息队列：如在使用 Celery 实现异步操作时，Redis 可以作为中间人。
- ☑ 常用的数据缓存：可以把一些网站中经常会用到的数据放到 Redis 中，以提高加载速度。
- ☑ 首页数据缓存：一个网站的首页访问频率是最高的，可以把首页中部分的数据放到 Redis 中。
- ☑ 好友关系：如微博的好友关系极其复杂，如果每次获取好友关系时都要查找数据库，那么响应速度将慢到无法忍受。这时就可以把好友关系存储到 Redis 中。
- ☑ 发布和订阅功能：Redis 有发布和订阅功能，可以用来做聊天软件。

8.2.2　Redis 和 Memcached 比较

Memcached 和 Redis 都是非常优秀的缓存系统。Memcached 的优点是轻量级和占用服务器资源少，缺点是功能少。而 Redis 的优点是功能更强大，配置项比 Memcached 更多一些，缺点是对服务器的要求比较高。Memcached 和 Redis 的比较如表 8-1 所示。

表 8-1　Memcached 和 Redis 比较

属　　性	Memcached	Redis
类型	纯内存数据库	内存磁盘同步数据库
数据类型	在定义 value 时就要固定数据类型	不需要
虚拟内存	不支持	支持
过期策略	支持	支持
存储数据安全	不支持	可以将数据同步到 dump.db 中
灾难恢复	不支持	可以将磁盘中的数据恢复到内存中
分布式	支持	主从同步
订阅与发布	不支持	支持

8.2.3　Redis 在 Ubuntu 中的安装与使用

Redis 是没有 Windows 平台的官方支持版本的，如果要在生产环境中使用 Redis，建议在生产环境上使用 Linux 系统。作为学习，可以使用非官方发布的 Windows 版本的 Redis。下面分别讲解在 Windows 和 Linux 系统上安装和使用 Redis。

1. 在 Windows 系统上安装和使用 Redis

- ☑ 下载链接：https://github.com/tporadowski/redis/releases，下载 msi 文件即可。
- ☑ 安装步骤：首先双击 msi 文件，在打开的 Redis on Windows Setup 对话框中选择安装路径并选中 Add the Redis installation folder to the PATH environment variable 复选框，然后单击 Next 按钮，如图 8-3 所示。

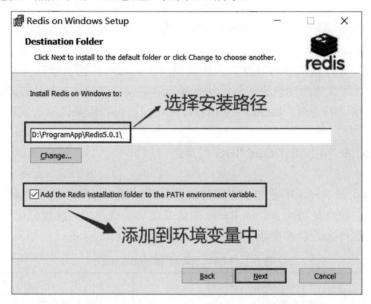

图 8-3　选择安装路径并添加到环境变量中

进入设置端口号和防火墙的界面，Redis 默认端口号是 6379，然后再把 Redis 服务的防火墙关掉（如果不关掉防火墙，会导致其他计算机无法访问本机 Redis 服务），如图 8-4 所示。

再次单击 Next 按钮，会出现设置允许 Redis 占用最大内存的界面，默认是无限，这个对于我们只是用于学习来讲影响不大，可设可不设。接着单击 Next 按钮，然后单击 Install 按钮，稍等片刻即可完成安装。

- ☑ 使用：打开 cmd 命令行终端，然后执行 redis-cli 命令，即可进入 Redis 命令行，然后按照 8.2.4 节中的命令操作 Redis 即可。

2. 在 Linux 系统上安装 Redis

在 Linux 系统的版本中，Ubuntu 版简单易用且长期支持。这里以 Ubuntu 系统为例进行讲解。

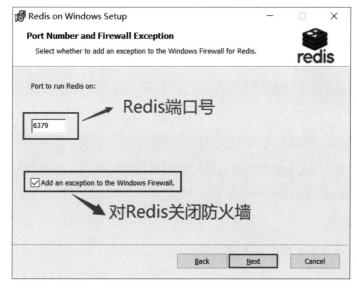

图 8-4　设置端口号和关闭 Redis 防火墙

- ☑ 安装命令：apt install redis-server。
- ☑ 卸载命令：apt purge --auto-remove redis-server。
- ☑ 启动命令：Redis 安装完成后会自动启动，可以通过 ps aux|grep redis 命令进行查看。如果想手动启动，可以通过 service redis-server start 命令启动。
- ☑ 停止命令：service redis-server stop。
- ☑ 使用：在连接 redis-server 之前，要先启动 redis-server 服务，命令为 service redis-server start。启动 redis-server 后，再使用 redis-cli 命令进行连接，语法如下。

```
redis-cli -h [ip] -p [端口]
```

redis-server 默认的端口号是 6379，连接本机的 redis-server 命令如下。

```
redis-cli -h 127.0.0.1 -p 6379
```

在连接到 redis-server 后，就可以使用 8.2.4 节中的命令对 redis-server 进行操作了。

8.2.4　Redis 操作命令

Redis 操作命令在 Windows 和 Linux 系统中都是一样的，相关命令介绍如下。

1．添加数据

添加数据使用 set 命令，语法如下。

```
set key value EX timeout
```

如果 key 之前已经存在，则会进行覆盖。EX 参数设置的是过期时间，如果没有 EX 参数，则意味着数据永远不会过期，示例命令如下。

```
set username zhiliao EX 60
```

或

```
set username zhiliao
```

或者可以在使用 setex 命令添加数据时就设置过期时间，示例命令如下。

```
setex username 60 zhiliao
```

2．删除数据

删除数据使用 delete 命令，语法如下。

```
delete key
```

示例命令如下。

```
delete username
```

3．设置过期时间

可以使用 expire 命令来设置数据的过期时间，语法如下。

```
expire key timeout(单位为秒)
```

示例命令如下。

```
expire username 60
```

4．查看过期时间

如果忘记某个数据什么时候过期，可以通过 ttl 命令查看数据的过期时间，语法如下。

```
ttl key
```

示例命令如下。

```
ttl username
```

5．查看所有 key

如果想知道当前 Redis 中存储的所有 key，则可以通过 keys 命令实现，命令如下。

```
keys *
```

6. 列表操作

在列表左边添加元素，语法如下。

```
lpush key value
```

将 value 插入 key 所指向的列表的最开始位置。如果 key 不存在，则会创建一个空的列表，并且执行 lpush 操作。当 key 存在但不是列表类型时，将会返回一个错误。

在列表右边添加元素，语法如下。

```
rpush key value
```

将 value 插入列表 key 的末尾。如果 key 不存在，则会创建一个空的列表，并且执行 rpush 操作。当 key 存在但不是列表类型时，将会返回一个错误。

查看列表中的元素，语法如下。

```
lrange key start stop
```

返回列表 key 中指定区间内的元素，区间以偏移量 start 和 stop 指定，如果要左边的第 1 个元素到最后一个元素，则语法如下。

```
lrange key 0 -1
```

移除列表左边的元素，语法如下。

```
lpop key
```

移除并返回列表右边的元素，语法如下。

```
rpop key
```

移除并返回列表中指定的元素，语法如下。

```
lrem key count value
```

以上命令将删除列表 key 中 count 个值为 value 的元素。

获取列表中指定位置的元素，语法如下。

```
lindex key index
```

以上命令将获取列表 key 中索引为 index 的元素。

获取列表中元素个数，语法如下。

```
llen key
```

删除指定元素，语法如下。

```
lrem key count value
```

以上命令将删除列表 key 中 count 个值为 value 的元素。如果 count>0，则从左向右搜索，移除与 value 相等的元素，数量为 count。如果 count<0，则从右向左搜索，移除与 value 相等的元素，数量为 count 的绝对值。如果 count=0，则移除列表中所有与 value 相等的值。

7．集合操作

集合是无序的，并且里面的元素不能重复。下面来讲解集合的操作命令。
添加元素，语法如下。

```
sadd key value1 value2…
```

通过 sadd 命令可以一次性添加多个元素。
查看元素，语法如下。

```
smembers key
```

移除元素，语法如下。

```
srem key value1 value2
```

通过 srem 命令可以一次性删除多个元素。
查看集合中元素个数，语法如下。

```
scard key
```

获取多个集合的交集，语法如下。

```
sinter key1 key2…
```

获取多个集合的差集，语法如下。

```
sdiff key1 key2…
```

8．哈希（hash）操作

哈希（hash）可以简单理解为 Python 中的字典，操作 hash 的相关命令如下。
添加新值，语法如下。

```
hset key field value
```

示例命令如下。

```
hset website baidu baidu.com
```

以上示例命令中，如果 website 这个 key 不存在，则会在 redis-server 中创建一张名为 website 的哈希表。
获取哈希表中 field 的值，语法如下。

```
hget key field
```

如果 field 已经在哈希表中存在，旧值将会被覆盖。示例命令如下。

```
hget website baidu
```

删除某个 field，语法如下。

```
hdel key field
```

获取某张哈希表中所有的 field，语法如下。

```
hkeys key
```

获取某张哈希表中所有的 field 和 value，语法如下。

```
hgetall key
```

获取某张哈希表中所有的值，语法如下。

```
hvals key
```

判断哈希表中是否存在某个 field，语法如下。

```
hexists key field
```

9．事务操作

Redis 事务可以一次性执行多个命令，具有隔离性和原子性。隔离性意味着在事务中执行的所有命令都会按顺序执行，不会被其他命令干扰。原子性意味着在事务中的命令，要么全部都执行，要么全部都不执行。下面来学习事务的相关命令。

开启一个事务，语法如下。

```
multi
```

执行以上命令后，接下来的所有命令都将在这个事务中执行。

执行事务，语法如下。

```
exec
```

exec 命令会将 multi 和 exec 中的操作一并提交。

取消事务，语法如下。

```
discard
```

discard 命令会将 multi 和 discard 中的操作全部取消。

监视 key，语法如下。

```
watch key1 key2…
```

以上命令监视一个或者多个 key，如果在事务执行之前，这些 key 被其他命令修改了，那么事务将中断执行。

取消所有 key 的监视，语法如下。

```
unwatch
```

10．发布/订阅操作

Redis 中的发布/订阅功能类似于 Flask 中的信号机制，可以先订阅某个频道，然后在某些事情发生的情况下给某个频道发送消息。下面来学习发布/订阅命令。

给某个频道发布消息，语法如下。

```
publish channel message
```

订阅某个频道，语法如下。

```
subscribe channel
```

8.2.5　同步数据到硬盘

Redis 可以通过配置实现自动同步数据到硬盘。同步的策略有两种：第一种是 RDB（Redis database），第二种是 AOF（append only file），可以通过修改/etc/redis/redis.conf 配置文件切换不同的同步策略。下面分别来讲解这两种策略的相关配置及其优缺点。

1．RDB 策略

RDB 策略的相关配置内容如下。
- ☑ 开启和关闭：RDB 默认是开启模式的，如果想要关闭，则把配置文件中所有的 save 配置项都注释就可以关闭了。
- ☑ 同步机制：可以指定某个时间内执行多少个命令进行同步。如 1min 内执行了两次命令，就做一次同步。
- ☑ 存储内容：存储的是 Redis 里面具体的值。
- ☑ 存储文件路径：根据 dir 和 dbfilename 配置项来指定路径和具体的文件名。

RDB 策略的优点如下。
- ☑ 存储数据到文件中会进行压缩，文件体积比使用 AOF 策略小。
- ☑ 因为存储的是 Redis 中具体的值，所以在恢复的时候速度比使用 AOF 策略快。
- ☑ 非常适合用于备份。

RDB 策略的缺点如下。
- ☑ RDB 配置规则为多少时间内执行了多少条命令才进行同步数据，因为采用压缩机制，RDB 在同步的时候要重新保存整个 Redis 中的数据，因此一般我们最少会设置 5min 以上才进行一次同步。在这种情况下，一旦服务器发生故障，就会造成 5min 的数据丢失。
- ☑ 在进行数据同步时，Redis 会调用 fork 函数生成一个子进程来同步数据，在数据量比较大的情况下，会非常耗时。

2．AOF 策略

AOF 策略的相关配置内容如下。
- ☑ 开启和关闭：在/etc/redis/redis.conf 配置文件中设置 appendonly 为 yes，即可开启 AOF，设置为 no 则可关闭 AOF。
- ☑ 同步机制：每秒同步或者每次执行命令后同步数据。
- ☑ 存储内容：存储的不是真实的数据，而是每次执行的命令。
- ☑ 存储文件路径：根据 dir 以及 appendfilename 来指定具体的路径和文件名。

AOF 策略有如下优点。
- ☑ AOF 策略是每秒或者每次发生写操作时都会同步数据，因此即使服务器发生故障，最多只会损失 1s 的数据。
- ☑ AOF 存储的是 Redis 命令，并且直接把新增的命令追加到 AOF 文件后面，因此备份的效率比使用 RDB 策略高。
- ☑ 如果 AOF 文件比较大，那么 Redis 会自动进行重写，只保留最小的命令集合。

AOF 策略有如下缺点。
- ☑ AOF 文件因为没有压缩，因此体积比使用 RDB 策略大。
- ☑ AOF 是在每秒或者每次执行命令时都进行备份，因此如果并发量比较高，则效率会比较慢。
- ☑ 因为 AOF 备份的是命令，因此在灾难恢复时 Redis 会重新执行 AOF 中的命令，速度不及使用 RDB 策略。

8.2.6 设置密码

默认情况下，连接 Redis 是不需要密码的，这存在风险。我们可以通过配置 /etc/redis/redis.conf 文件中的 requirepass 实现加密访问，配置示例如下。

```
requirepass zhiliao
```

上述配置中，将密码设置为 zhiliao，重启 redis-server 后通过 redis-cli 重新连接 redis-server，然后使用命令 auth password 命令授权，示例命令如下。

```
auth zhiliao
```

只有成功授权后，才可以执行操作 Redis 的命令。

8.2.7　Python 操作 Redis

因为 Redis 是装在 Linux 系统上的，而我们经常会在 Windows 系统上编程，因此如果想要在其他机器上连接 Redis，则必须先在 /etc/redis/redis.conf 文件中设置允许其他机器通过本机的 IP 地址连接。设置的配置项为 bind，示例如下。

```
bind 0.0.0.0
```

通过以上配置，其他机器都可以通过 redis-server 所在机器的 IP 地址或域名进行连接了。使用 Python 操作 Redis，还需要通过一个第三方包 python-redis，安装命令如下。

```
pip install redis
```

安装完 python-redis 后，就可以用 Python 来操作 Redis 了，相关操作方法如下。

1．连接 Redis

假设 Redis 所在机器的 IP 地址为 192.168.174.130，并且监听默认的 6379 端口号，那么使用以下代码即可实现连接 Redis。

```python
# 从redis包中导入Redis类
from redis import Redis
# 初始化Redis实例变量
xtredis = Redis(host='192.168.174.130',port=6379)
```

2．字符串操作

字符串操作示例代码如下。

```python
# 添加一个值进去，并且设置过期时间为60s，如果不设置，则永远不会过期
xtredis.set('username','xiaotuo',ex=60)
# 获取一个值
xtredis.get('username')
# 删除一个值
xtredis.delete('username')
```

3．列表操作

列表操作示例代码如下。

```python
# 给languages列表往左边添加一个python
xtredis.lpush('languages','python')
# 给languages列表往左边添加一个php
xtredis.lpush('languages','php')
```

```
# 给 languages 列表往左边添加一个 javascript
xtredis.lpush('languages','javascript')

# 获取 languages 列表中的所有值
print xtredis.lrange('languages',0,-1)
```

4．集合操作

集合操作示例代码如下。

```
# 给集合 team 添加一个元素 xiaotuo
xtredis.sadd('team','xiaotuo')
# 给集合 team 添加一个元素 datuo
xtredis.sadd('team','datuo')
# 给集合 team 添加一个元素 slice
xtredis.sadd('team','slice')

# 获取集合中的所有元素
xtredis.smembers('team')
> ['datuo','xiaotuo','slice']  # 无序的
```

5．哈希操作

哈希操作示例代码如下。

```
# 给 website 哈希中添加 baidu
xtredis.hset('website','baidu','baidu.com')
# 给 website 哈希中添加 google
xtredis.hset('website','google','google.com')

# 获取 website 哈希中的所有值
print xtredis.hgetall('website')
> {"baidu":"baidu.com","google":"google.com"}
```

6．事务操作

事务操作示例代码如下。

```
# 定义一个管道实例
pip = xtredis.pipeline()
# 做第一步操作，给 BankA 自增长 1
pip.incr('BankA')
# 做第二步操作，给 BankB 自减少 1
pip.desc('BankB')
# 执行事务
pip.execute()
```

第 9 章
项目实战

从本章开始进入论坛项目实战阶段,将给大家讲到的是一个 Python 论坛项目的实现,项目的名称叫作 pythonbbs,这会把之前的 Flask 基础知识融入进去,还会讲解一些真实企业项目功能的解决方案,如文件上传、邮件发送、头像处理、权限管理等。读者在学习完本项目实战后,可以把这些解决方案直接应用到实际开发中。

我们在开发一个产品之前,先要有项目需求文档。一个网站的大概的制作流程如下。

(1) 公司相关领导提出产品制作计划,描述产品需求。

(2) 产品经理整理需求,细化功能,制作产品原型图。

(3) 设计师定主色调,按照原型图制作产品设计图。

(4) 网站开发者按照原型图和设计图完成产品的制作。

(5) 测试工程师对产品进行功能和性能测试,如有问题提交给网站开发者,开发者继续完善,直至测试通过。

(6) 运维工程师部署产品上线,并负责保证产品正常运行。

为了节省时间,我们提前设定好了产品需求和 HTML 静态页面,所以无须经过前 3 个步骤的操作。在接下来的小节中将分别详细介绍后面 3 个步骤。

在学习开发 pythonbbs 项目之前,我们先来了解本项目的需求。本项目主要由两部分组成,分别为论坛前台和论坛后台。论坛前台功能包括登录、注册、查看帖子、过滤帖子、发布帖子、帖子详情、帖子评论、帖子点赞等功能。论坛后台功能包括论坛首页、帖子管理、评论管理、用户管理、权限管理、角色管理等。将以上项目需求绘制成思维导图,如图 9-1 所示。

在图 9-1 中,CMS 是 Content Management System 的缩写,即内容管理系统,也就是论坛后台。了解了产品需求以后,下面就开始创建项目,实现产品功能。

第 9 章 项 目 实 战

图 9-1 Python 论坛项目思维导图

9.1 创 建 项 目

首先打开 PyCharm 专业版，选择 Flask 项目，然后填写项目路径，并且选择 Python Interpreter 为 New Virtualenv environment，也就是为本项目创建一个虚拟环境，这和第 1 章所提倡的用 Previously configured interpreter（以下简称 Previously）不同。之前提倡用 Previously 的原因是，避免每次创建学习项目时都要重新安装 Flask。而现在创建的 pythonbbs 项目在开发完成后，需要部署到 Linux 服务器上运行，在部署前可以通过 pip freeze→requirements.txt 命令将 pythonbbs 项目依赖的包及其版本号全部导出来，方便后期部署，如果使用 Previously，则会把一些不需要的包也导出来。下面使用 PyCharm 专业版创建 pythonbbs 项目，如图 9-2 所示。

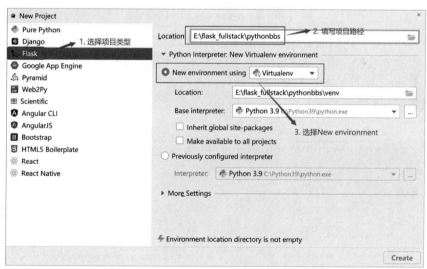

图 9-2 PyCharm 专业版创建 pythonbbs 项目

> **注意**
> 虚拟环境是一个独立的 Python 环境，安装的包不会影响其他环境，其他环境安装的包也不会影响虚拟环境。

单击 Create 按钮后即可创建 pythonbbs 项目，pythonbbs 项目的结构如图 9-3 所示。

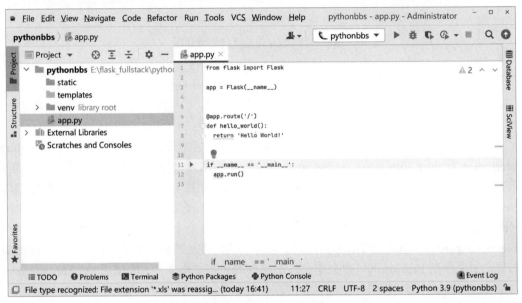

图 9-3　pythonbbs 项目结构

创建完项目后，PyCharm 会默认在当前项目的虚拟环境中安装 Flask，但是其他第三方插件是没有安装的，因此我们需要先把后期开发中会用到的包提前安装好。安装方法为打开 PyCharm 界面底部的 Terminal，然后输入安装命令。以安装 flask-sqlalchemy 为例，操作步骤如图 9-4 所示。

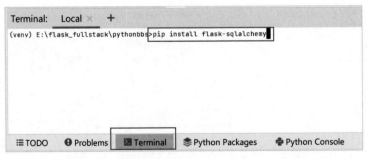

图 9-4　PyCharm 中安装 flask-sqlalchemy 的步骤

> **注意**
> 之所以在 PyCharm Terminal 中安装包，是因为我们现在用了项目中的虚拟环境，直接打开 PyCharm Terminal 会进入虚拟环境中，此时通过 pip install 命令安装的包会安装在项目的虚拟环境中。如果在 cmd（命令行终端）中安装，则会安装在系统的 Python 环境中，项目的虚拟环境和系统的 Python 环境是两个独立的环境，互不影响。

项目需要提前安装的包，包括但不限于以下所示的包。

1. pymysql

- 安装命令：pip install pymysql。
- 作用：Python 操作数据库的驱动程序。

2. Flask-SQLAlchemy

- 安装命令：pip install flask-sqlalchemy。
- 作用：用于在 Flask 中使用 ORM 模型操作数据库。

3. cryptography

- 安装命令：pip install cryptography。
- 作用：对密码加密和解密。

4. Flask-Migrate

- 安装命令：pip install flask-migrate。
- 作用：用于将 ORM 模型的变更同步到数据库中。

包安装完后，我们以大型项目为标准完善项目结构，把程序框架搭建起来。

9.1.1 config.py 文件

在 pythonbbs 项目根路径下创建一个名叫 config.py 的 Python 文件，这个文件用来存放配置项。在项目运行过程中，会根据环境选择不同的配置。如以数据库连接配置为例，在开发时，可能连接的是开发环境的数据库；在测试时，可能连接的是测试服务器的数据库；而在上线后，则需要更换成线上服务器的数据库。为了满足不同环境下不同的配置，我们在 config.py 文件中根据环境创建不同的类，来分别实现具体的配置。如开发环境则创建 DevelopmentConfig 类，测试环境则创建 TestingConfig 类，线上环境则创建 ProductionConfig 类。还有一些在任何环境下都相同的配置项，我们再为其创建一个 BaseConfig 类，让以上 3 个类继承即可。config.py 文件中的代码如下。

```
class BaseConfig:
  SECRET_KEY = "your secret key"
  SQLALCHEMY_TRACK_MODIFICATIONS = False


class DevelopmentConfig(BaseConfig):
  SQLALCHEMY_DATABASE_URI = "mysql+pymysql://root:root@127.0.0.1:3306/pythonbbs?charset=utf8mb4"


class TestingConfig(BaseConfig):
  SQLALCHEMY_DATABASE_URI = "mysql+pymysql://[测试服务器 MySQL 用户名]:[测试服务器 MySQL 密码]@[测试服务器 MySQL 域名]:[测试服务器 MySQL 端口号]/pythonbbs?charset=utf8mb4"


class ProductionConfig(BaseConfig):
  SQLALCHEMY_DATABASE_URI = "mysql+pymysql://[生产环境服务器 MySQL 用户名]:[生产环境服务器 MySQL 密码]@[生产环境服务器 MySQL 域名]:[生产环境服务器 MySQL 端口号]/pythonbbs?charset=utf8mb4"
```

接下来在 app.py 文件中，根据当前环境选择不同的配置类即可。这里以开发环境为例，app.py 文件中绑定配置的代码如下。

```
from flask import Flask
import config


app = Flask(__name__)
app.config.from_object(config.DevelopmentConfig)
```

在上述代码的 DevelopmentConfig 中，配置了数据库连接 SQLALCHEMY_DATABASE_URI，读者可以根据自身情况选择 MySQL 服务器的域名、端口号、用户名、密码。此外，还需要先在 MySQL 数据库中创建 pythonbbs 数据库，在创建数据库时，选择字符集为 utf8mb4，如图 9-5 所示。

图 9-5　创建 pythonbbs 数据库

9.1.2　exts.py 文件

exts.py 文件主要用来存放一些第三方插件的对象，如 SQLAlchemy 对象、Flask-Mail 对象等。为什么要单独创建一个文件用来存放这些对象呢？这样做是为了防止循环引用。以 SQLAlchemy 对象为例，一般会在 app.py 文件中通过以下代码创建一个 db 变量，用于创建 ORM 模型和进行 ORM 操作。

```
from flask_sqlalchemy import SQLAlchemy
db = SQLAlchemy(app)
```

在项目越来越复杂的情况下，为了保持项目的可维护性，通常会把 ORM 模型放到其他文件中，而创建 ORM 模型又需要 db 变量，因此需要从 app.py 中导入 db 变量，而为了让 ORM 模型能被映射到数据库中，又需要把 ORM 模型直接或者间接导入 app.py，这样就产生了循环引用，如图 9-6 所示。

循环引用会导致项目运行失败。为了打破循环引用，只要在两者中间加一个 exts.py 文件，把会引起循环引用的变量（如 db 变量）放到 exts.py 中，然后其他文件都从 exts.py 中导入变量。这里还是以 db 变量为例，在添加 exts.py 后，三者的关系如图 9-7 所示。

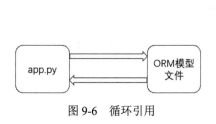

图 9-6　循环引用

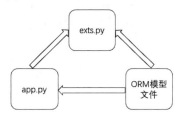

图 9-7　使用 exts.py 打破循环引用

这里使用 Flask-SQLAlchemy 插件来创建一个 SQLAlchemy 对象，在 exts.py 中输入以下代码。

```
from flask_sqlalchemy import SQLAlchemy
db = SQLAlchemy()
```

读者可以看到，上述代码在创建 SQLAlchemy 对象时，并没有传入 app，原因是如果使用 app.py 中的 app 变量，那么又会产生循环引用。此时可以再回到 app.py 中，然后导入 db 变量，再通过 db.init_app(app) 完成初始化，代码如下。

```
from flask import Flask
import config
from exts import db

app = Flask(__name__)
app.config.from_object(config.DevelopmentConfig)

db.init_app(app)
```

按以上代码一样可以对 db 变量完成初始化，并且还解决了循环引用的问题。后续其他第三方插件对象，如用于发送邮件的 Flask-Mail 插件的对象，都可以通过类似的方式实现。

9.1.3 blueprints 模块

从图 9-1 所示的项目思维导图可知，项目被分成了许多模块。如果把这些模块的视图代码都放到 app.py 中，那么对后期维护将是一场灾难。为了让项目结构更加清晰，我们通常会使用蓝图来模块化，创建一个名叫 blueprints 的包，用于存放蓝图模块。首先在 pythonbbs 项目名称上右击，然后在弹出的快捷菜单中选择 New→Python Package 命令，如图 9-8 所示。

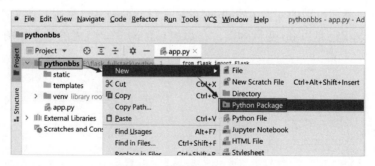

图 9-8 创建 blueprints 包

输入 blueprints，即可完成创建。然后在 blueprints 下分别创建名为 cms、front 和 user 的 Python 文件。创建完成后的项目结构如图 9-9 所示。

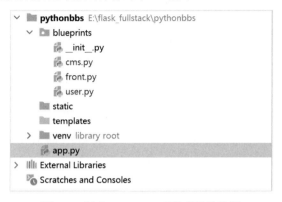

图 9-9　创建 blueprints 后的项目结构图

接下来继续完善蓝图，分别在 cms.py、front.py、user.py 中创建蓝图对象，相关文件代码如下。

cms.py：

```
from flask import Blueprint

bp = Blueprint("cms",__name__,url_prefix="/cms")
```

front.py：

```
from flask import Blueprint

bp = Blueprint("front",__name__,url_prefix="")
```

user.py：

```
from flask import Blueprint

bp = Blueprint("user",__name__,url_prefix="/user")
```

3 个文件中都创建了蓝图对象，并且指定了 url 前缀，因为 front 是面向前台的，所以 url 前缀为空。在蓝图对象创建好之后，还需要在 app.py 中完成注册，否则是无法使用的。在 app.py 中注册蓝图的代码如下。

```
...
from blueprints.cms import bp as cms_bp
from blueprints.front import bp as front_bp
from blueprints.user import bp as user_bp
```

```
app = Flask(__name__)
app.config.from_object(config.DevelopmentConfig)

db.init_app(app)

# 注册蓝图
app.register_blueprint(cms_bp)
app.register_blueprint(front_bp)
app.register_blueprint(user_bp)
```

因为在后续开发中，所有前台的视图代码都会放到 front 蓝图中，所以在 app.py 中遗留的 hello_world 相关代码（如下所示），可以直接删除。

```
@app.route('/')
def hello_world():
    return 'Hello World!'
```

9.1.4　models 模块

为了让项目更加简洁，我们把所有的 ORM 模型也进行模块化，按照如图 9-8 所示的方法，在 pythonbbs 根路径下创建一个名为 models 的 Python Package，然后在 models 下分别创建 user.py 和 post.py 文件，这两个文件分别用来存放与用户和帖子相关的 ORM 模型。ORM 模型后续再添加，models 模块结构如图 9-10 所示。

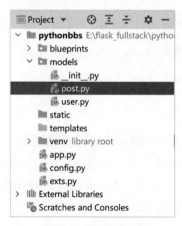

图 9-10　models 模块结构

到目前为止，pythonbbs 项目结构就已经搭建好了。下面再讲解实现每个功能的技术细节。

9.2　创建用户相关模型

9.2.1　创建权限和角色模型

一个网站最开始做的功能应该是用户系统，因为后面许多功能都需要与用户系统交互，用户系统最核心的部分就是用户相关的 ORM 模型。该系统的前台和后台用的是同一个用户系统，而后台系统中需要角色和权限管理。首先来添加权限 ORM 模型，在 models/user.py 中添加以下代码。

```
class PermissionEnum(Enum):
    BOARD = "板块"
    POST = "帖子"
    COMMENT = "评论"
    FRONT_USER = "前台用户"
    CMS_USER = "后台用户"


class PermissionModel(db.Model):
    __tablename__ = "permission"
    id = db.Column(db.Integer, primary_key=True, autoincrement=True)
    name = db.Column(db.Enum(PermissionEnum), nullable=False, unique=True)
```

上述代码中，添加了 PermissionEnum 枚举类型和 PermissionModel 模型，为了在程序中更好地分辨普通类和 ORM 模型，在所有 ORM 模型的名称后面加上 Model 后缀。PermissionEnum 是存放权限类型的枚举，下面的 PermissionModel 中 name 的值就需要从这个枚举中获取。PermissionModel 中有两个字段，分别是主键 id 以及权限名称，需要指定权限名称不能为空，且值也是唯一的。后期可以根据业务需求添加权限，如管理帖子的权限、管理评论的权限等，没有相应权限的用户则无法执行相关操作。PermissionModel 不是直接和用户关联，而是先跟角色关联，角色再和用户关联。在执行某个操作时，会先判断用户所属的角色是否包含对应的权限。其中角色和权限属于多对多的关系，即一个权限可以被多个角色拥有，一个角色也可以拥有多个权限。下面再来实现角色模型，在 models/user.py 中添加以下代码。

```
from exts import db
from datetime import datetime
from enum import Enum
```

```python
class PermissionEnum(Enum):
    BOARD = "板块"
    POST = "帖子"
    COMMENT = "评论"
    FRONT_USER = "前台用户"
    CMS_USER = "后台用户"


class PermissionModel(db.Model):
    __tablename__ = "permission"
    id = db.Column(db.Integer, primary_key=True, autoincrement=True)
    name = db.Column(db.Enum(PermissionEnum), nullable=False, unique=True)


role_permission_table = db.Table(
    "role_permission_table",
    db.Column("role_id", db.Integer, db.ForeignKey("role.id")),
    db.Column("permission_id", db.Integer, db.ForeignKey("permission.id"))
)


class RoleModel(db.Model):
    __tablename__ = 'role'
    id = db.Column(db.Integer, primary_key=True, autoincrement=True)
    name = db.Column(db.String(50), nullable=False)
    desc = db.Column(db.String(200), nullable=True)
    create_time = db.Column(db.DateTime, default=datetime.now)

    permissions = db.relationship("PermissionModel", secondary=role_permission_table, backref="roles")
```

上述代码中，添加了一个 RoleModel 模型，并且给该模型添加了 4 个常规字段，分别是主键 id、角色名称 name、角色描述 desc，以及创建时间 create_time。除了这 4 个常规字段外，还添加了一个关系属性 permissions，并与 PermissionModel 进行了关联，因为 RoleModel 和 PermissionModel 属于多对多的关系，所以在 db.relationship 中通过 secondary 参数设置中间表为 role_permission_table，在 role_permission_table 中也分别添加了外键 role_id 和 permission_id 来引用 role 和 permission 表。另外，还在 db.relationship 中指定了 backref 参数值为 roles，以后通过 PermissionModel 对象的 roles 属性即可访问到该权限下所有与其关联的角色。

在 PermissionModel 和 RoleModel 创建完成后，我们再把模型映射到数据库中。这里需要借助 Flask-Migrate 插件，下面返回 app.py 中，创建 Migrate 对象，代码如下。

```
...
from flask_migrate import Migrate

app = Flask(__name__)
app.config.from_object(config.DevelopmentConfig)
migrate = Migrate(app, db)
...
```

下面重新打开 PyCharm Terminal，输入以下命令完成迁移环境的初始化。

```
$ flask db init
```

现在 models/user.py 模块并没有被直接或者间接地导入 app.py，为了在迁移时能让程序识别到 models/user.py 中的 ORM 模型，先手动在 app.py 中导入 models/user.py，代码如下。

```
...
from models import user
...
```

接着同样在 PyCharm 的 Terminal 中执行以下命令，以生成迁移脚本并完成迁移脚本的执行，执行 migrate 命令后的效果如图 9-11 所示。

```
flask db migrate -m "create permission and role model"
```

```
Terminal: Local  +
(venv) E:\flask_fullstack\pythonbbs>flask db migrate -m "create permission and user model"
INFO  [alembic.runtime.migration] Context impl MySQLImpl.
INFO  [alembic.runtime.migration] Will assume non-transactional DDL.
INFO  [alembic.autogenerate.compare] Detected added table 'permission'
INFO  [alembic.autogenerate.compare] Detected added table 'role'
INFO  [alembic.autogenerate.compare] Detected added table 'role_permission_table'
Generating E:\flask_fullstack\pythonbbs\migrations\versions\e487d77e9b1a_create_permission_and_user_model.py ...  done
```

图 9-11　执行 migrate 命令后的效果图

执行完以上命令后，已经为 ORM 模型生成了迁移脚本，路径在图 9-11 中的最后一行。但是此时并没有真正同步到数据库中，因此还需要执行以下命令才会同步到数据库中，执行 upgrade 命令后的效果如图 9-12 所示。

```
flask db upgrade
```

```
Terminal: Local  +
(venv) E:\flask_fullstack\pythonbbs>flask db upgrade
INFO  [alembic.runtime.migration] Context impl MySQLImpl.
INFO  [alembic.runtime.migration] Will assume non-transactional DDL.
INFO  [alembic.runtime.migration] Running upgrade  -> e487d77e9b1a, create permission and user model
```

图 9-12　执行 upgrade 命令后的效果图

9.2.2　创建权限和角色

权限和角色模型已经创建完成,为了方便后期开发,需要在这两张表中添加数据。一般情况下,权限和角色的数据在网站上线运营后便不会轻易更改。我们在实际开发中可以跟产品经理或者运营同事沟通,确定好权限规则以及角色安排,然后在项目中把这些数据写好,并且集成到命令中,项目上线时,只要执行这条命令即可完成数据的初始化。

我们首先来学习在 Flask 项目中如何创建命令。在安装 Flask 时,默认会安装 click 库,读者依次单击 PyCharm 的 File→Settings→Project: pythonbbs→Python Interpreter,可以看到已经安装了 click 库,如图 9-13 所示。

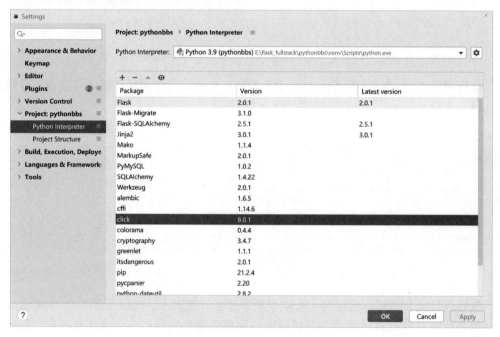

图 9-13　查看是否安装click库

click 库的主要作用就是用来实现命令,Flask 中已经针对 click 库进行了集成,通过 app.cli 即可访问到 click 对象。我们先来实现一个简单的命令,在 app.py 中输入以下代码。

```
import click
...
@app.cli.command("my-command")
def my_command():
    click.echo("这是我自定义的命令")
...
```

上述代码中，通过@app.cli.command 装饰器将 my_command 函数添加到命令中，并且指定命令的名称为 my-command，然后在 PyCharm 的 Terminal 中输入以下命令。

```
$ flask my-command
```

执行命令即可看到打印文字"这是我自定义的命令"，效果如图 9-14 所示。

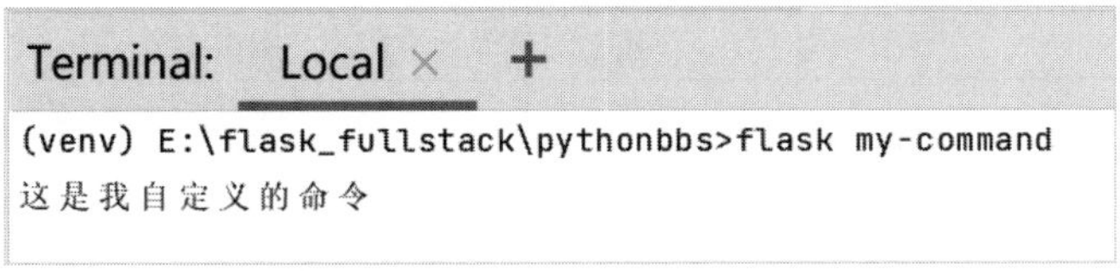

```
Terminal:   Local  ×  +
(venv) E:\flask_fullstack\pythonbbs>flask my-command
这是我自定义的命令
```

图 9-14　执行 my-command 命令后的效果图

学会了如何在 Flask 中集成命令后，我们再来添加创建权限和角色的命令。按照项目需求，权限和角色是针对后台用户的，因此权限和角色都是针对后台数据管理的。后台需要管理的数据有板块、帖子、评论、前台用户、后台用户，我们针对每个模块分别添加一个权限。在 app.py 中，实现一个名叫 create-permission 的命令，代码如下。

```python
from models.user import PermissionModel,RoleModel,PermissionEnum
import click
from exts import db

@app.cli.command("create-permission")
def create_permission():
  for permission_name in dir(PermissionEnum):
    if permission_name.startswith("__"):
      continue
    permission = PermissionModel(name=getattr(PermissionEnum,permission_name))
    db.session.add(permission)
  db.session.commit()
  click.echo("权限添加成功！")
```

下面在 PyCharm 的 Terminal 中输入命令 flask create-permission，看到输出文字"权限添加成功！"，说明权限数据已经创建成功，效果如图 9-15 所示。

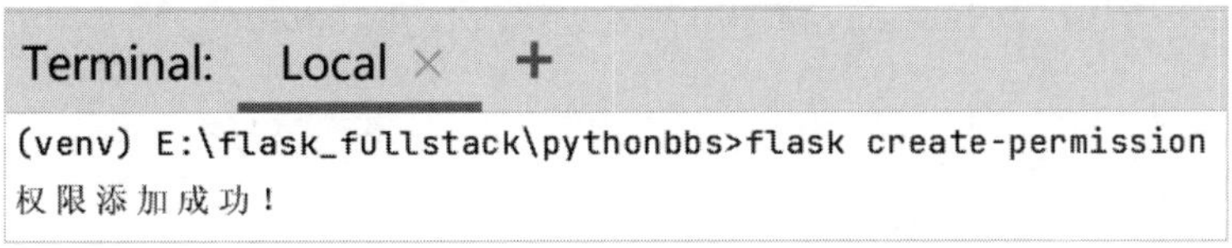

```
Terminal:   Local  ×  +
(venv) E:\flask_fullstack\pythonbbs>flask create-permission
权限添加成功！
```

图 9-15　执行添加权限命令后的效果图

权限数据创建成功后，我们再来添加角色。这里创建 3 个角色，分别为稽查、运营、管理员。这 3 个角色包含的权限如表 9-1 所示。

表 9-1 角色包含的权限

角　色	权　　限
稽查	帖子、评论
运营	板块、帖子、评论、前台用户
管理员	板块、帖子、评论、前台用户、后台用户

稽查角色主要是审核用户发布的帖子和评论是否存在违法或者违反社区正常运营的情况。如果存在，则进行处理。而运营角色则有较大权限，可以管理除后台用户以外的其他所有功能。管理员角色除拥有运营角色下所有权限以外，还拥有管理后台用户的权限，即可以设置谁为稽查、谁为运营等。根据以上需求，创建添加角色的命令 create-role，代码如下。

```
@app.cli.command("create-role")
def create_role():
 # 稽查
 inspector = RoleModel(name="稽查",desc="负责审核帖子和评论是否合法合规！")
 inspector.permissions = PermissionModel.query.filter(PermissionModel.name.in_([PermissionEnum.POST,PermissionEnum.COMMENT])).all()

 # 运营
 operator = RoleModel(name="运营",desc="负责网站持续正常运营！")
 operator.permissions = PermissionModel.query.filter(PermissionModel.name.in_([
   PermissionEnum.POST,
   PermissionEnum.COMMENT,
   PermissionEnum.BOARD,
   PermissionEnum.FRONT_USER,
   PermissionEnum.CMS_USER
 ])).all()

 # 管理员
 administrator = RoleModel(name="管理员",desc="负责整个网站所有工作！")
 administrator.permissions = PermissionModel.query.all()

 db.session.add_all([inspector,operator,administrator])
 db.session.commit()
 click.echo("角色添加成功！")
```

上述代码中，创建了 3 个 RoleModel 对象，分别为稽查 inspector、运营 operator、管理员 administrator，并且按照表 9-1 分别给 3 个对象设置了 permissions 属性。完成命令编写后，在 PyCharm 的 Terminal 下执行命令 flask create-role，效果如图 9-16 所示。

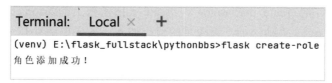

图 9-16　执行 create-role 命令后的效果图

现在虽然成功添加了命令，但是命令代码全部写在 app.py 中，如果以后还要增加其他命令，那么会导致 app.py 越来越臃肿。为了给 app.py 瘦身，我们把命令代码单独放到一个模块中，在 pythonbbs 项目根路径下创建一个 commands.py 文件，然后把 create-permission 和 create-role 函数及其装饰器代码剪切到 commands.py 文件中，并且再把命令代码中依赖的包也剪切过去，剪切后的 commands.py 文件内容如图 9-17 所示。

```
from models.user import PermissionModel,RoleModel,PermissionEnum
import click
from exts import db


@app.cli.command("create-permission")
def create_permission():
    for permission_name in dir(PermissionEnum):
        if permission_name.startswith("__"):
            continue
        permission = PermissionModel(name=getattr(PermissionEnum,permission_name))
        db.session.add(permission)
    db.session.commit()
    click.echo("权限添加成功！")


@app.cli.command("create-role")
def create_role():
    # 稽查员
    inspector = RoleModel(name="稽查",desc="负责审核帖子和评论是否合法合规！")
    inspector.permissions = PermissionModel.query.filter(PermissionModel.name.in_([PermissionEnum.POST,
PermissionEnum.COMMENT])).all()

    # 运营
    operator = RoleModel(name="运营",desc="负责网站持续正常运营！")
    operator.permissions = PermissionModel.query.filter(PermissionModel.name.in_([
```

图 9-17　命令代码剪切到 commands.py 文件中

从图 9-17 可以看到，commands.py 中有两个错误，原因是 create_permission 和

create_role 的@app.cli.command 装饰器中的 app 对象找不到。如果从 app.py 中导入 app 对象,那么会造成循环引用,只有把 commands.py 导入 app.py 才能把命令注册到项目中。为了解决这个问题,把 create_permission 和 create_role 函数上的@app.cli.command 装饰器删除,然后在 app.py 中手动添加,修改后的代码如下,效果如图 9-18 所示。

```
...
import commands
...
# 添加命令
app.cli.command("create-permission")(commands.create_permission)
app.cli.command("create-role")(commands.create_role)
```

图 9-18　重构命令后的效果图

在 Python 语法中,装饰器本质上是函数,所以可以把@app.cli.command 装饰器直接当作函数来使用。通过以上代码重构,在不产生循环引用的前提下,就实现了将 app.py 瘦身的目的。

9.2.3　创建用户模型

接下来回到 models/user.py 文件中创建用户模型。用户数据是网站最重要的数据之一,如果把用户表主键存储为自增长的整型,则容易被竞争对手猜测出总共有多少用户,猜测方法非常简单，一般网站都有查看用户信息的个人中心页面，而个人中心页面的 URL 中必须携带用户 ID 参数，如果用户 ID 是自增长的整型，则竞争对手只要获取到用户 ID 的最大值，也就知道了此网站用户的数量，很有可能为公司带来巨大损失。因此在商业网站中，都用唯一的字符串作为用户表的主键。产生唯一字符方法的库有许多，最常用的是 UUID（universally unique identifier），UUID 会出现重复值的概率几乎为零，可以忽略不计。UUID 的长度为 32 个字符，再加上 4 个横线，总共有 36 个字符，考虑到 UUID 太长会对数据库查询造成性能上的影响，我们使用 shortuuid。shortuuid 是一个第三方 Python 库，会对原始 UUID 进行 base57 编码，然后删除相似的字符，如 I、1、L、o 和 0，最后生成默认 22 位长度的字符串。打开 PyCharm 的 Terminal，输入以下命令安装 shortuuid。

```
$ pip install shortuuid
```

在使用的时候，直接从 shortuuid 中导入 uuid 方法，然后调用该方法，便会自动生成一串唯一的字符串，如图 9-19 所示。

```
Terminal: Local  +
(venv) E:\flask_fullstack\pythonbbs>python
Python 3.9.5 (tags/v3.9.5:0a7dcbd, May  3 2021, 17:27:52) [MSC v.1928 64 bit (AMD64)] on win32
Type "help", "copyright", "credits" or "license" for more information.
>>> from shortuuid import uuid
>>> uuid()
'fqGRZdFwUgHHF8VLeH6aZV'
>>>
```

图 9-19 python 环境下使用 uuid

安装完 shortuuid 后，就可以将其应用到用户模型中。我们再回到 models/user.py 中，添加以下代码。

```
...
from shortuuid import uuid
...

class UserModel(db.Model):
    __tablename__ = 'user'
    id = db.Column(db.String(100), primary_key=True, default=uuid)
    username = db.Column(db.String(50), nullable=False,unique=True)
    password = db.Column(db.String(200), nullable=False)
    email = db.Column(db.String(50), nullable=False, unique=True)
    avatar = db.Column(db.String(100))
    signature = db.Column(db.String(100))
```

```
join_time = db.Column(db.DateTime, default=datetime.now)
is_staff = db.Column(db.Boolean, default=False)
is_active = db.Column(db.Boolean, default=True)

# 外键
role_id = db.Column(db.Integer, db.ForeignKey("role.id"))
role = db.relationship("RoleModel", backref="users")
```

上述代码中,我们添加了 UserModel 模型,关于 UserModel 的字段及相关介绍如下。
- ☑ id:主键,字符串类型,默认会使用 shortuuid.uuid 函数自动生成主键。
- ☑ username:用户名,不能为空,并且值必须唯一。
- ☑ password:密码,最大长度为 200,应该先加密再存储。
- ☑ email:邮箱,不能为空,值唯一,作为登录的凭证。
- ☑ avatar:头像,存储图片在服务器中保存的路径,可以为空。
- ☑ signature:签名,可以为空。
- ☑ join_time:加入时间,在第一次创建时会使用当前时间存储。
- ☑ is_staff:是否是员工,只有员工才能进入后台系统,默认为 False。
- ☑ is_active:是否可用,默认情况下是可用的,如果不可用,则会限制其登录。
- ☑ role_id:角色外键,引用 role 表的 id 字段。
- ☑ role:关系属性,引用 RoleModel。反过来,也可以通过 RoleModel 对象的 users 属性获取此角色下的所有用户。

用户的密码数据,必须经过加密才能存储进去,这样做的目的是,即使服务器遭到黑客攻击,用户数据被泄露,黑客也只能获取到加密的密码,而不是原始密码。人们面对繁多的互联网产品,为了方便记忆,通常会设置同一个密码,如果黑客能获取到原始密码,并且通过某些手段获取到了用户在其他平台的账号,则大概率在其他平台也能登录成功,这对用户来讲无疑是灾难性的。在 Flask 项目中,可以通过 werkzeug.securit 模块中的以下两个方法实现密码的加密和验证。

(1) generate_password_hash(password):对 password 进行加密,并返回加密后的密码。

(2) check_password_hash(pwhash,password):pwhash 是加密后的密码,password 是原始密码,将 password 按照相同的加密方式加密,然后与 pwhash 进行对比,如果相等则认为密码正确,否则认为密码错误。

现在使用 UserModel 来添加一条数据,代码如下。

```
from werkzeug.security import generate_password_hash

user = UserModel(username='example',email="example@domain.com")
user.password = generate_pssword_hash("password")
```

为了简化创建用户时生成密码的代码，我们将 UserModel 进行重构，重构的思路是，在创建用户时，直接传 password 进去就会自动完成加密；或者如果用户通过 user.password="password"的方式设置密码时，也要自动完成加密。重构后的 UserModel 代码如下。

```python
class UserModel(db.Model):
    __tablename__ = 'user'
    id = db.Column(db.String(100), primary_key=True,default=uuid)
    username = db.Column(db.String(50), nullable=False)
    # 将 password 修改成_password
    _password = db.Column(db.String(200), nullable=False)
    email = db.Column(db.String(50), nullable=False, unique=True)
    avatar = db.Column(db.String(100))
    signature = db.Column(db.String(100))
    join_time = db.Column(db.DateTime, default=datetime.now)
    is_admin = db.Column(db.Boolean,default=False)

    # 外键
    role_id = db.Column(db.Integer,db.ForeignKey("role.id"))
    role = db.relationship("RoleModel",backref="users")

    def __init__(self, *args, **kwargs):
        if "password" in kwargs:
            self.password = kwargs.get('password')
            kwargs.pop("password")
        super(UserModel, self).__init__(*args, **kwargs)

    @property
    def password(self):
        return self._password

    @password.setter
    def password(self, raw_password):
        self._password = generate_password_hash(raw_password)

    def check_password(self, raw_password):
        result = check_password_hash(self.password, raw_password)
        return result

    def has_permission(self, permission):
        return permission in [permission.name for permission in self.role.permissions]
```

上述代码中，为了实现通过 password 属性设置密码时能自动加密，把原来的 password

属性修改成了_password。然后通过 Python 中的@property 装饰器将 password()方法定义成属性，以后通过 user.password 可以获取加密后的密码，通过 user.password="password" 会触发@password.setter 下的 password 方法，在这个方法中把原始密码加密后赋值给了 _password 属性。为了以后验证密码方便，实现了 check_password 方法，该方法调用了 check_password_hash，以后通过 user.check_password("password")即可返回密码是否正确。我们还定义了 has_permission 方法，用来快速判断当前用户是否拥有某个权限。至此，UserModel 模型就创建成功了，打开 PyCharm 的 Terminal，然后输入以下两条命令即可完成数据库的同步更新。

```
$ flask db migrate -m "create user model"
$ flask db upgrade
```

9.2.4 创建测试用户

为了方便后续开发，按照角色个数创建 3 个员工账号。在 commands.py 文件中，添加以下代码。

```
...
def create_test_user():
  admin_role = RoleModel.query.filter_by(name="管理员").first()
  zhangsan = UserModel(username="张三",email="zhangsan@zlkt.net",password="111111",is_staff=True,role=admin_role)

  operator_role = RoleModel.query.filter_by(name="运营").first()
  lisi = UserModel(username="李四",email="lisi@zlkt.net",password="111111",is_staff=True,role=operator_role)

  inspector_role = RoleModel.query.filter_by(name="稽查").first()
  wangwu = UserModel(username="王五",email="wangwu@zlkt.net",password="111111",is_staff=True,role=inspector_role)

  db.session.add_all([zhangsan,lisi,wangwu])
  db.session.commit()
  click.echo("测试用户添加成功！")
```

上述代码中，添加了张三、李四、王五 3 个员工账号，分别对应管理员、运营、稽查 3 种角色，方便后期进行测试使用。创建测试用户的代码写完后，再回到 app.py 中，把 create_test_user 集成到项目中，代码如下。

```
# 添加命令
app.cli.command("create-permission")(commands.create_permission)
```

```
app.cli.command("create-role")(commands.create_role)
# 添加创建测试用户命令
app.cli.command("create-test-user")(commands.create_test_user)
```

重新打开 PyCharm 的 Terminal，然后输入以下命令。

```
$ flask create-test-user
```

执行以上命令即可把代码中的 3 个账号添加到数据库中。

9.2.5　创建管理员

项目后期在部署到服务器后，应该通过命令完成第一个管理员的初始化。在 commands.py 中添加以下命令。

```
@click.option("--username",'-u')
@click.option("--email",'-e')
@click.option("--password",'-p')
def create_admin(username,email,password):
  admin_role = RoleModel.query.filter_by(name="管理员").first()
  admin_user = UserModel(username=username, email=email, password=password, is_staff=True, role=admin_role)
  db.session.add(admin_user)
  db.session.commit()
  click.echo("管理员创建成功！")
```

上述代码中，在命令函数 create_admin 中，通过@click.option 装饰器添加了 3 个参数。以后在命令行中即可使用--username、--email、--password 将用户名、邮箱、密码当作参数传到函数中。在 app.py 中注册命令，代码如下。

```
# 添加创建管理员命令
app.cli.command("create-admin")(commands.create_admin)
```

9.3　注　　册

9.3.1　渲染注册模板

虽然通过命令能添加用户，但是网站上线运行后，必须要有界面能让普通用户注册。在讲解注册功能实现之前，先来说明一下我们提前准备好的模板。读者在获取到本项目后，可以在pythonbbs项目根目录下看到awebsite文件夹，这个文件夹中的模板是笔者为方便读者学习提前准备的，所有模板都是纯静态的。首先执行以下两步操作。

（1）将pythonbbs/awebsite/static下的所有文件和文件夹全部复制到pythonbbs/static中。

（2）将pythonbbs/awebsite/templates下的所有文件和文件夹全部复制到pythonbbs/templates中。

在后续的章节中，会指导读者修改其中的部分代码。

以上步骤完成后，读者可以看到在pythonbbs/templates/front下有一个base.html文件，代码如下：

```
<!DOCTYPE html>
<html lang="en">
<head>
  <meta charset="UTF-8">
  <script src="https://cdn.bootcdn.net/ajax/libs/jquery/3.6.0/jquery.min.js"></script>
  <link href="https://cdn.bootcdn.net/ajax/libs/twitter-bootstrap/4.6.0/css/bootstrap.min.css" rel="stylesheet">
  <script src="https://cdn.bootcdn.net/ajax/libs/twitter-bootstrap/4.6.0/js/bootstrap.min.js"></script>
  <link rel="stylesheet" href="{{ url_for('static',filename='front/css/base.css') }}">
  <title>{% block title %}{% endblock %}</title>
  {% block head %}{% endblock %}
</head>
<body>
<nav class="navbar navbar-expand-lg navbar-light bg-light">
  <a class="navbar-brand" href="#">知了Python论坛</a>
  <button class="navbar-toggler" type="button" data-toggle="collapse" data-target="#navbarSupportedContent"
          aria-controls="navbarSupportedContent" aria-expanded="false" aria-label="Toggle navigation">
    <span class="navbar-toggler-icon"></span>
  </button>

  <div class="collapse navbar-collapse" id="navbarSupportedContent">
    <ul class="navbar-nav mr-auto">
      <li class="nav-item active">
        <a class="nav-link" href="/">首页 <span class="sr-only">(current)</span></a>
      </li>
    </ul>
    <form class="form-inline my-lg-0">
```

```
      <input class="form-control mr-sm-2" type="search" placeholder="请输
入关键字" aria-label="Search">
      <button class="btn btn-outline-success my-2 my-sm-0" type="submit">
搜索</button>
    </form>
    <ul class="navbar-nav ml-4">
      <li class="nav-item">
        <a class="nav-link" href="#">登录</a>
      </li>
      <li class="nav-item">
        <a class="nav-link" href="#">注册</a>
      </li>
    </ul>
  </div>
</nav>
<div class="main-container">
  {% block body %}{% endblock %}
</div>
</body>
</html>
```

base.html 文件是所有前台页面的父模板，在<head></head>标签中加载了以下文件。

- jquery.min.js：3.6.0 版本的 jQuery 文件。jQuery 文件可以快速寻找元素，发送 AJAX 请求。
- bootstrap.min.css：4.6.0 版本的 Bootstrap 样式文件。Bootstrap 提供了丰富的样式，可以快速构建网页界面。
- bootstrap.min.js：4.6.0 版本的 Bootstrap JavaScript 文件。Bootstrap 中的一些组件运行需要通过 bootstrap.min.js 来实现。
- base.css：我们自己编写的样式文件，用于修改父模板的样式。

在 head 标签中还定义了两个 block，分别为 title、head。在 body 标签中定义了导航条，这样所有子模板不用重复写导航条代码即可拥有导航条。然后在 main-container 中定义了一个 body 的 block，子模板页面的编写就是在这个 block 中实现。

接下来再看 templates/front/register.html 文件，此文件用于注册页面，代码如下。

```
{% extends 'front/base.html' %}

{% block title %}
    知了课堂注册
{% endblock %}

{% block head %}
  <link rel="stylesheet" href="{{ url_for('static',filename='front/css/
```

```html
sign.css') }}">
{% endblock %}

{% block body %}
  <h1 class="page-title">注册</h1>
  <div class="sign-box">
    <form action="" id="register-form">
      <div class="form-group">
        <div class="input-group">
          <input type="text" class="form-control" name="email" placeholder="邮箱">
          <div class="input-group-append">
            <button id="captcha-btn" class="btn btn-outline-secondary">发送验证码</button>
          </div>
        </div>
      </div>
      <div class="form-group">
        <input type="text" class="form-control" name="captcha" placeholder="邮箱验证码">
      </div>
      <div class="form-group">
        <input type="text" class="form-control" name="username" placeholder="用户名">
      </div>
      <div class="form-group">
        <input type="password" class="form-control" name="password" placeholder="密码">
      </div>
      <div class="form-group">
        <input type="password" class="form-control" name="confirm_password" placeholder="确认密码">
      </div>
      <div class="form-group">
        <button class="btn btn-warning btn-block" id="submit-btn">立即注册</button>
      </div>
      <div class="form-group">
        <a href="#" class="signup-link">返回登录</a>
        <a href="#" class="resetpwd-link" style="float:right;">找回密码</a>
      </div>
    </form>
  </div>
{% endblock %}
```

上述代码中，先是让 register.html 继承自 front/base.html，然后分别实现了 title、head 和 body 这 3 个 block。title 用来设置页面标题，head 中加载了一个自定义的 sign.css 文件，用来美化页面。body 这个 block 中的代码，除了添加一个 h1 标签外，还添加了输入框的表单，表单中有 5 个输入框和 1 个提交按钮。输入框分别用来收集邮箱、邮箱验证码、用户名、密码、确认密码的信息。我们先来渲染模板，读者看到注册页面后会有更直观的感受。回到 blueprints/user.py 中，添加以下代码。

```
from flask import Blueprint, render_template

bp = Blueprint("user",__name__,url_prefix="/user")

@bp.route("/register")
def register():
    return render_template("front/register.html")
```

上述代码中，实现了 register 视图，用来渲染 front/register.html 模板。启动项目，在浏览器中访问 http://127.0.0.1:5000/user/register，即可看到如图 9-20 所示的注册页面。

图 9-20　注册页面

注册逻辑是，用户输入邮箱后单击"发送验证码"按钮，服务器就会给这个邮箱发送一个验证码，用户收到邮箱验证码后填入输入框，并完成其他信息的输入，最后单击"立即注册"按钮实现注册。

9.3.2 使用 Flask-Mail 发送邮箱验证码

注册功能的第一步，就是给用户输入的邮箱发送验证码，下面讲解在 Flask 中发送邮件。在 Flask 中发送邮件非常简单，总共分为 3 步，第 1 步安装 Flask-Mail，第 2 步配置邮箱参数，第 3 步发送邮件。

1. 安装 Flask-Mail

首先安装 Flask-Mail，打开 PyCharm 的 Terminal，然后输入并执行以下命令即可完成安装。

```
$ pip install flask-mail
```

Flask-Mail 插件的详细使用说明，可参考其官方文档 https://pythonhosted.org/Flask-Mail/。

2. 配置邮箱参数

想要发送邮件，必须要有一个邮箱服务器。在本书中，为了方便读者学习，我们用个人版网易邮箱来讲解邮箱的配置和使用，读者也可以选择其他公司的邮箱服务，如 QQ 邮箱、新浪邮箱、Gmail 邮箱等，使用方式都大同小异。有的公司会搭建自己的邮箱服务器，有的公司会向第三方提供商购买邮箱服务，如网易企业邮箱、腾讯企业邮箱、阿里邮箱企业版等，这些服务商都有非常详细的接入教程，遇到问题还可以咨询客服。

使用 Flask-Mail 发送邮件需要使用 SMTP 协议（simple mail transfer protocol）。首先在个人版网易邮箱中开启 SMTP 服务，登录个人版网易邮箱，单击顶部的"设置"按钮，然后在弹出的菜单中选择"POP3/SMTP/IMAP"，如图 9-21 所示。

图 9-21　个人网易邮箱设置按钮

进入 SMTP 设置界面后，找到"IMAP/SMTP 服务"，然后单击"开启"超链接，如

图 9-22 所示。

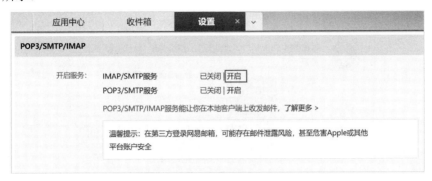

图 9-22　开启 SMTP 界面

单击"开启"超链接后会弹出一个"账号①安全提示"对话框，因为邮箱只是用于我们自己的项目，只要我们的代码不被公开，还是非常安全的，所以直接单击"继续开启"按钮即可，如图 9-23 所示。

图 9-23　账号安全提示

单击"继续开启"按钮后，会弹出"账号安全验证"对话框，需要用手机发送短信验证码来验证是否是本人操作，按照提示信息进行操作即可，如图 9-24 所示。

图 9-24 中显示的二维码，可以使用网易邮箱大师 App 扫描并发送短信，或者单击"手动发送短信"，会提示你如何手动发送短信。在发送完短信验证码后，单击"我已发送"按钮会弹出"开启 IMAP/SMTP"对话框，显示生成的授权密码，因为授权密码只会显示

---

① 文中的"账号"同图中的"帐号"为同一内容，后文不再赘述。

一次，所以读者要复制后保存下来，如图9-25所示。

图9-24　发送验证码开启邮箱

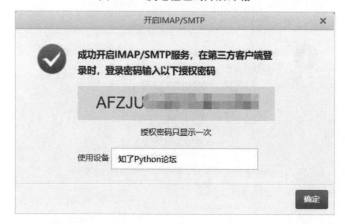

图9-25　显示授权密码

开启个人邮箱的 SMTP 服务后，再回到 pythonbbs 项目中，打开 config.py 文件，在 DevelopmentConfig 中添加如下配置。

```
class DevelopmentConfig(BaseConfig):
    ...

    # 邮箱配置
    MAIL_SERVER = "smtp.163.com"
    MAIL_USE_SSL = True
    MAIL_PORT = 465
    MAIL_USERNAME = "邮箱账号"
```

```
MAIL_PASSWORD = "开启SMTP服务时生成的授权码"
MAIL_DEFAULT_SENDER = "邮箱账号"
```

上述代码中关于邮箱配置参数的说明如下。

- ☑ MAIL_SERVER：邮箱服务器，如网易是 smtp.163.com、QQ 邮箱是 smtp.qq.com、新浪邮箱是 smtp.sina.com。
- ☑ MAIL_USE_SSL：是否加密传输。设置 MAIL_USE_SSL=True 或 MAIL_USE_TLS=True 都可以实现加密传输，但是 MAIL_USE_SSL 用的是 SSL/TLS 协议，而 MAIL_USE_TLS 用的是 STARTTLS 协议，具体选择哪个，要根据邮箱服务商支持的协议来配置。网易邮箱不支持 STARTTLS，因此使用 MAIL_USE_SSL=True 来配置加密。另外，如果配置 MAIL_USE_SSL=True，那么 MAIL_PORT 应该设置为 465；如果配置 MAIL_USE_TLS=True，那么 MAIL_PORT 应该设置为 587。
- ☑ MAIL_USERNAME：发送邮件所用的用户名，设置成邮箱账号即可。
- ☑ MAIL_PASSWORD：在开启邮箱 SMTP 服务时自动生成的授权密码。
- ☑ MAIL_DEFAULT_SENDER：默认发送者，填邮箱账号即可。

执行以上操作后，即完成了邮箱的配置。

3．发送邮件

发送邮件要先创建一个 Flask-Mail 对象，其使用方式与 Flask-SQLAlchemy 类似。先在 exts.py 中创建一个 mail 变量，代码如下。

```
from flask_sqlalchemy import SQLAlchemy
from flask_mail import Mail

db = SQLAlchemy()
mail = Mail()
```

下面再回到 app.py 中，从 exts.py 中导入 mail 变量，并进行初始化，代码如下。

```
...
from exts import db,mail

...
db.init_app(app)
mail.init_app(app)
```

以上代码完成了 Flask-Mail 对象的初始化，后续就可以使用 mail 变量发送邮件了。接着在 blueprints/user.py 中输入以下代码。

```
...
from flask_mail import Message
from exts import mail

...

@bp.route("/mail/captcha")
def mail_captcha():
    message = Message(subject="我是邮件主题",recipients=['目标邮箱地址'],body="我是邮件内容")
    mail.send(message)
    return "success"
```

上述代码中，我们首先创建了一个 mail_captcha 视图函数，然后创建了一个对象 flask_mail.Message，Message 类传递的参数如下。

- ☑ subject：邮件主题。
- ☑ recipients：收件方，可以指定多个邮箱地址。
- ☑ body：邮件内容。

创建 Message 对象后，再调用 mail.send 方法就可以把邮件发送出去了。

现在已经能正常发送邮件了，接下来再把验证码的逻辑加进去，验证码用四位随机的数字，需要用到 Python 中的 random 模块。由于接收验证码的邮箱地址是用户填写的，并不固定，所以我们通过查询字符串的形式接收目标用户的邮箱地址。在 mail_captcha 视图函数中，将代码修改如下。

```
...
from flask import Blueprint, render_template, request
from flask_mail import Message
from exts import mail
import random

...

@bp.route("/mail/captcha")
def mail_captcha():
    email = request.args.get("mail")
    digits = ["0","1","2","3","4","5","6","7","8","9"]
    captcha = "".join(random.sample(digits,4))
    body = f"【知了Python论坛】您的注册验证码是：{captcha}，请勿告诉别人！"
    message = Message(subject="我是邮件主题",recipients=[email],body=body)
    mail.send(message)
    return "success"
```

上述代码中，首先通过在查询到的字符串中的 mail 参数中获取目标用户的邮箱地址。接下来定义了一个 0~9 的数字列表，类型都是字符串，然后调用 random.sample 方法随机取 4 个值，因为 random.sample 方法的返回结果是列表类型，所以需要使用字符串的 join 方法将 random.sample 方法返回的结果合并成字符串，最后再把验证码拼接到 body 中发给目标用户。

9.3.3 使用 Flask-Caching 和 Redis 缓存验证码

虽然现在能通过邮箱发送验证码，但是服务器并没有记录邮箱与验证码的映射关系。下次用户提交邮箱和验证码时，我们并不知道该验证码是否正确。邮箱验证码这类数据并不是非常重要，可以存储到缓存中，如 Memcached 或者 Redis，考虑到后期会用 Celery 来异步发送邮件，Celery 又需要 Redis 作为中间人，因此选择 Redis 作为缓存。关于 Redis 的使用，读者可以参考第 8 章。

要在 Python 中使用 Redis，首先要安装 redis 包。打开 PyCharm 的 Terminal，输入以下命令。

```
$ pip install redis
```

在 Flask 中使用 Redis，可以借助第三方插件 Flask-Caching 实现。使用 Flask-Caching 操作 Redis 有以下好处。

- ☑ 缓存系统：Flask-Caching 支持许多缓存系统，如纯内存、Memcached、Redis、FileSystem 等。
- ☑ 上层接口：Flask-Caching 对不同的缓存系统提供了统一的上层接口。以后如果不用 Redis 作为缓存了，只要修改配置即可，不需要修改上层操作缓存的代码。
- ☑ 缓存内容：Flask-Caching 可以对 Flask 项目中的许多内容进行缓存，如视图缓存，模板缓存等。

打开 PyCharm 的 Terminal，输入以下命令完成 Flask-Caching 的安装。

```
$ pip install flask-caching
```

Flask-Caching 支持许多缓存系统，可通过在 app.config 中设置不同的 CACHE_TYPE 选择具体的缓存系统。Flask-Caching 支持的常见 CACHE_TYPE 缓存配置如表 9-2 所示。

表 9-2　CACHE_TYPE 配置

CACHE_TYPE	说明
NullCache	空的缓存，不能使用缓存
SimpleCache	简单缓存，仅用于开发环境

续表

CACHE_TYPE	说　　明
FileSystemCache	文件系统缓存，将数据存储在文件中
RedisCache	Redis 缓存，需要安装 redis 包
MemcachedCache	Memcached 缓存，需要安装 memcached 包

完整的 CACHE_TYPE 配置请参考官方文档 https://flask-caching.readthedocs.io/en/latest/index.html#configuring-flask-caching。

我们的项目选择的是 RedisCache，其参数配置如表 9-3 所示。

表 9-3　RedisCache 下可配参数

配　置　项	说　　明
CACHE_DEFAULT_TIMEOUT	过期时间，默认是 300s
CACHE_KEY_PREFIX	键前缀，默认是 flask_cache_
CACHE_REDIS_HOST	Redis 服务器域名
CACHE_REDIS_PORT	Redis 服务器端口号
CACHE_REDIS_PASSWORD	Redis 服务器密码

回到 pythonbbs 项目中，打开 config.py 文件，然后在 DevelopmentConfig 中添加 Flask-Caching 的配置信息，代码如下。

```
class DevelopmentConfig(BaseConfig):
    ...

    # 缓存配置
    CACHE_TYPE = "RedisCache"
    CACHE_REDIS_HOST = "127.0.0.1"
    CACHE_REDIS_PORT = 6379
```

上述代码中，配置了缓存类型为 Redis，以及 Redis 服务器的域名和端口号。

接下来创建一个 Flask-Caching 对象，打开 exts.py 文件，然后输入以下代码。

```
...
from flask_caching import Cache
...
cache = Cache()
```

再回到 app.py 文件中，从 exts.py 文件中导入 cache 变量，并且进行初始化，代码如下。

```
from exts import db,mail,cache
...

app = Flask(__name__)
```

```
...
cache.init_app(app)
```

Flask-Caching 初始化完成后,就可以用它来缓存数据了。我们回到 blueprints/user.py 文件中,先从 exts.py 文件中导入 cache 对象,然后将 email_captcha 代码修改如下。

```
...
from exts import mail,cache
...

@bp.route("/mail/captcha")
def mail_captcha():
    email = request.args.get("mail")
    digits = ["0","1","2","3","4","5","6","7","8","9"]
    captcha = "".join(random.sample(digits,4))
    body = f"【知了Python论坛】您的注册验证码是:{captcha},请勿告诉别人!"
    message = Message(subject="我是邮件主题",recipients=[email],body=body)
    mail.send(message)
    cache.set(email,captcha,timeout=100)
    return "success"
```

这样就完成了邮箱和验证码的缓存,以后要验证的时候,通过 cache.get(mail)方法从缓存中获取即可。

9.3.4 使用 Celery 发送邮件

现在的 mail_captcha 视图函数虽然可以正常发送邮件,但是用户体验不好,一方面,发送邮件需要发起网络请求,必须要等邮件发送成功后浏览器才能收到响应,用户等待时间过长。另一方面,发送邮件这种耗时操作会导致线程被长时间占用,从而导致无法服务其他请求,造成服务器资源紧张。对于这些耗时的操作,我们一般通过异步的方式来实现,其中最常用、最稳定的方式就是通过 Celery 来实现。

Celery 是一个任务调度框架,是用纯 Python 实现的,可以轻松地集成到 Flask 项目中。Celery 由五大模块组成,分别是 Task(任务)、Broker(中间人)、Celery Beat(调度器)、Worker(消费者)、Backend(存储)。

步骤如下:首先在程序中定义好 Task,然后启动 Celery,Celery 读取 Task 并存放到 Broker 中,Broker 是具有存储能力的服务,如 Redis、RabbitMQ、数据库等。Celery Beat 会根据配置,或者由开发者手动控制,分配任务给 Worker,Worker 在完成任务后把结果存储到 Backend 中,Backend 也是具有存储能力的服务,一般为了方便,会和 Broker 使用同一个服务,Backend 不是必需的,如果没有设置 Backend,将不会存储结果。Celery

的工作原理如图 9-26 所示。

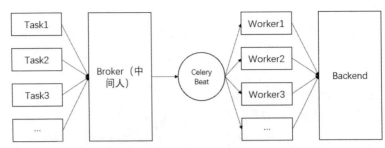

图 9-26　Celery 工作原理

Celery 非常适用以下两种场景。

（1）异步任务：对于一些会阻塞程序的耗时操作，如发送邮件、发送短信、视频转码等，非常适合放到 Celery 中执行。

（2）定时任务：可以通过配置实现定时执行任务，如定时抓取数据、定时发送报告等。

Celery 是一个第三方 Python 框架，需要单独安装。打开 PyCharm 的 Terminal，输入以下命令即可完成安装。

```
$ pip install celery
```

Celery 框架安装完成后，首先在 config.py 下的 DevelopmentConfig 中添加 Broker 和 Backend 配置信息，代码如下。

```
class DevelopmentConfig(BaseConfig):
    ...
    # Celery 配置
    # 格式：redis://:password@hostname:port/db_number
    CELERY_BROKER_URL = "redis://127.0.0.1:6379/0"
    CELERY_RESULT_BACKEND = "redis://127.0.0.1:6379/0"
```

再回到 pythonbbs 项目，在项目根路径下创建一个 bbs_celery.py 文件，然后输入以下代码。

```
from flask_mail import Message
from exts import mail
from celery import Celery

# 定义任务函数
def send_mail(recipient,subject,body):
    message = Message(subject=subject,recipients=[recipient],body=body)
    mail.send(message)
```

```python
    print("发送成功！")


# 创建Celery对象
def make_celery(app):
    celery = Celery(app.import_name, backend=app.config['CELERY_RESULT_BACKEND'], broker=app.config['CELERY_BROKER_URL'])
    TaskBase = celery.Task

    class ContextTask(TaskBase):
        abstract = True

        def __call__(self, *args, **kwargs):
            with app.app_context():
                return TaskBase.__call__(self, *args, **kwargs)
    celery.Task = ContextTask
    app.celery = celery

    # 添加任务
    celery.task(name="send_mail")(send_mail)

    return celery
```

上述代码中，定义了发送邮件的函数 send_mail，还定义了函数 make_celery。在 make_celery 函数中，将 send_mail 添加到 celery 任务中。

下面再回到 app.py 中，导入 make_celery 函数，并创建一个 Celery 对象，代码如下。

```python
...

from bbs_celery import make_celery

...

# 构建celery
celery = make_celery(app)
```

下面回到 blueprints/user.py 的 email_captcha 视图函数中，把之前发送邮件的代码删除，改成用 celery 任务的方式发送，代码如下。

```python
...

from flask import current_app

...
```

```
@bp.route("/mail/captcha")
def mail_captcha():
    email = request.args.get("mail")
    digits = ["0", "1", "2", "3", "4", "5", "6", "7", "8", "9"]
    captcha = "".join(random.sample(digits, 4))
    subject="【知了Python论坛】注册验证码"
    body = f"【知了Python论坛】您的注册验证码是:{captcha},请勿告诉别人!"
    current_app.celery.send_task("send_mail",(email,subject,body))
    cache.set(email, captcha, timeout=100)
    return "success"
```

接下来运行 Celery,如果读者是在 Windows 系统下运行 Celery,那么还需要安装一个第三方库:gevent,安装命令如下。

```
$ pip install gevent
```

在 PyCharm 的 Terminal 下,输入以下命令,启动 Celery 程序。

```
$ celery -A app.celery worker -P gevent -l info
```

如果是在 Linux 系统下运行,则无须 "-P gevent" 参数。更多关于 Celery 的使用请参阅官方文档 https://docs.celeryproject.org/en/stable/。

打开浏览器,输入 http://127.0.0.1:5000/user/mail/captcha?mail=邮箱账号,浏览器可以立即收到响应,并且也能收到邮件。

9.3.5 RESTful API

RESTful 也叫作 REST(representational state transfer,表现层状态转换),是 Roy Fielding 博士在 2000 年提出的一种万维网架构风格,其主要作用是提供一种软件之间通过 HTTP/HTTPS 协议交互数据的风格。RESTful API 有以下特点。

(1)直观简短的 URL 地址,如以下 URL。

- ☑ /post/list:帖子列表。
- ☑ /posts/111:主键为 111 的帖子详情。
- ☑ /post/111/comments:主键为 111 的帖子下所有的评论。

(2)数据传输格式,如 JSON、XML 等。JSON 因具有格式清晰、体积小等优点,已经取代 XML,成为大多数互联网产品的首选格式了。

(3)操作资源的方法,根据操作资源的目的,选择不同的 method。如获取资源用 GET、创建资源用 POST、替换资源用 PUT、删除资源用 DELETE。

(4)响应的状态码。服务器根据情况返回对应的状态码。2xx 代表操作成功、3xx

代表重定向、4xx 代表客户端有错误、5xx 代表服务器出现错误。

RESTful API 是一种风格，不是规范，读者在产品开发中，不应拘泥于严格的 RESTful API，而应该根据自身需求灵活调整。

在 Flask 中提供了 jsonify 方法，用于返回 JSON 格式的数据。下面使用 jsonify 方法封装一个用于返回 RESTful API 风格的模块。在 pythonbbs 根路径下，创建一个名叫 utils 的包，这个包主要用来存放一些工具类模块，接着在 utils 包下创建一个 restful.py 文件，然后输入以下代码。

```
from flask import jsonify


class HttpCode(object):
    # 响应正常
    ok = 200
    # 没有登录错误
    unloginerror = 401
    # 没有权限错误
    permissionerror = 403
    # 客户端参数错误
    paramserror = 400
    # 服务器错误
    servererror = 500


def _restful_result(code, message, data):
    return jsonify({"message": message or "", "data": data or {}}), code


def ok(message=None, data=None):
    return _restful_result(code=HttpCode.ok, message=message, data=data)


def unlogin_error(message="没有登录！"):
    return _restful_result(code=HttpCode.unloginerror, message=message, data=None)


def permission_error(message="没有权限访问！"):
    return _restful_result(code=HttpCode.paramserror, message=message, data=None)


def params_error(message="参数错误！"):
```

```python
    return _restful_result(code=HttpCode.paramserror, message=message,
data=None)


def server_error(message="服务器开小差啦！"):
    return _restful_result(code=HttpCode.servererror, message=message or
'服务器内部错误', data=None)
```

上述代码中，我们针对不同的状态码添加了对应的函数，状态码和对应函数说明如表 9-4 所示。

表 9-4　状态码和对应函数说明

状 态 码	函 数 名	说　　明
200	success	请求成功
401	unloginerror	请求需要登录的 API，但是用户并没有登录
403	permissionerror	请求需要指定权限的 API，但是用户并没有这项权限
400	params_error	请求 API 所提交的参数错误
500	server_error	请求 API 时服务器出现错误

表 9-4 中的函数，不管什么状态码，不管是否需要给客户端返回数据，最终调用的都是 _restful_result 函数，这个函数中封装了返回数据的格式，返回数据的格式类似如下。

```
{
    "message": "...",
    "data": ...
}
```

保持格式一致有个好处，客户端在任何情况下都可以获取到这两个参数，不会因为某些 API 下没有某个参数而导致代码抛出异常。

在网站开发中，RESTful API 一般用于 AJAX（asynchronous JavaScript and XML）请求。AJAX 是使用 JavaScript 语言异步发送请求的，根据响应对页面进行局部更新。发送邮箱验证码的请求非常适合使用 AJAX 方式，因为用传统表单的形式，会导致注册页面发生跳转，所以将 blueprints/user.py 中的 email_captcha 的代码修改为如下形式。

```python
...
from utils import restful
...

@bp.route("/mail/captcha")
def mail_captcha():
    try:
        email = request.args.get("mail")
```

```
        digits = ["0", "1", "2", "3", "4", "5", "6", "7", "8", "9"]
        captcha = "".join(random.sample(digits, 4))
        subject="【知了 Python 论坛】注册验证码"
        body = f"【知了 Python 论坛】您的注册验证码是:{captcha},请勿告诉别人!"
        current_app.celery.send_task("send_mail",(email,subject,body))
        cache.set(email, captcha, timeout=100)
        return restful.ok()
    except Exception as e:
        print(e)
        return restful.server_error()
```

如果视图函数正常执行,并且邮件也能发送成功,那么返回状态码 200,否则返回服务器错误状态码 500。

9.3.6 CSRF 保护

只要网页是通过模板渲染的,并且交互过程中存在非 GET 请求,那么就必须要开启 CSRF 保护。关于 CSRF 的详细介绍读者可以参考第 6 章。开启 CSRF 保护需要使用 flask-wtf 中的 CSRFProtect,首先在 PyCharm 的 Terminal 下输入以下命令安装 flask-wtf。

```
$ pip install flask-wtf
```

回到 app.py 中,添加以下代码。

```
from flask_wtf import CSRFProtect
...
# CSRF 保护
CSRFProtect(app)
```

这样以后所有的非 GET 请求都必须在请求头或者请求体中加上 csrf_token,否则会出现状态码为 400、提示信息为 Bad Request 的错误。注册功能用表单即可实现,因此需要在 templates/front/register.html 的 form 标签下添加以下代码。

```
...
<input type="hidden" name="csrf_token" value="{{ csrf_token() }}">
...
```

以后单击"立即注册"按钮,会自动把 csrf_token 所对应的值提交给视图函数。

9.3.7 使用 AJAX 获取邮箱验证码

在注册页面中,当单击"发送验证码"按钮后,这时用户一般不希望看到页面的刷新，所以要使用异步发送获取验证码的请求，也就是 AJAX 技术。我们使用 jQuery 提供的$.ajax 方法来实现，考虑到项目已经启动了 CSRF 保护，每次发送请求都要在请求体或者请求头中添加 csrf_token。为了方便，先在 templates/front/base.html 的 head 标签中添加以下代码。

```
<meta name="csrf-token" content="{{ csrf_token() }}">
```

读者按照 9.3.1 节的复制操作后，在 static/common 下有一个 zlajax.js 文件，这个文件是对$.ajax 做了一层封装，在非 GET 请求之前，先从模板的 meta 标签中读取 csrf-token 的值，然后将读取到的值设置到请求头中，这样就不需要每次发送非 GET 请求前都手动设置 csrf_token 了。zlajax.js 代码如下。

```
var zlajax = {
  'get': function (args) {
    args['method'] = "get"
    return this.ajax(args);
  },
  'post': function (args) {
    args['method'] = "post"
    return this.ajax(args);
  },
  'put': function(args){
    args['method'] = "put"
    return this.ajax(args)
  },
  'delete': function(args){
    args['method'] = 'delete'
    return this.ajax(args)
  },
  'ajax': function (args) {
    // 设置csrftoken
    this._ajaxSetup();
    return $.ajax(args);
  },
  '_ajaxSetup': function () {
    $.ajaxSetup({
      'beforeSend': function (xhr, settings) {
        if (!/^(GET|HEAD|OPTIONS|TRACE)$/i.test(settings.type) && !this.crossDomain) {
          var csrftoken = $('meta[name=csrf-token]').attr('content');
          xhr.setRequestHeader("X-CSRFToken", csrftoken)
        }
```

```
    });
  }
};
```

考虑到很多页面都需要使用 AJAX，所以把 zlajax.js 文件放到 templates/front/base.html 的 head 标签中，这样以后所有页面就都能使用这个文件了，代码如下。

```
...
<script src="{{ url_for('static',filename='common/zlajax.js') }}"></script>
...
```

因为 zlajax.js 依赖 jQuery，所以必须要把 zlajax.js 放到 jQuery 文件后面。

接下来在 static/front/js 下创建一个 register.js 文件，这个文件用于绑定"发送验证码"按钮的单击事件，并且执行 AJAX 请求，代码如下。

```
$(function () {
  $('#captcha-btn').on("click",function(event) {
    event.preventDefault();
    // 获取邮箱
    var email = $("input[name='email']").val();

    zlajax.get({
      url: "/user/mail/captcha?mail=" + email
    }).done(function (result) {
      alert("验证码发送成功！");
    }).fail(function (error) {
      alert(error.message);
    })
  });
});
```

上述代码中，为 id 为 captcha-btn 的按钮绑定了单击事件。单击按钮后，先是获取用户输入的邮箱，然后通过 zlajax.get 方法发送请求，URL 不需要带域名，向以/开头的 URL 发送请求，浏览器会自动使用当前域名。如果请求成功，会执行 done 中的函数，如果请求失败，则会执行 fail 中的函数。这里不管成功还是失败，我们都使用 alert 函数反馈结果。由于 js 文件必须要加载到模板中才能生效，所以打开/templates/front/register.html 文件，然后将 head 这个 block 中的代码修改如下。

```
...
{% block head %}
  <link rel="stylesheet" href="{{ url_for('static',filename='front/css/sign.css') }}">
```

```
<script src="{{ url_for('static',filename='front/js/register.js') }}">
</script>
{% endblock %}
...
```

9.3.8 实现注册功能

邮箱验证码可以正常获取后,我们再来完善注册功能。首先在 templates/front/register.html 中的 form 标签上添加 action 和 method 属性,代码如下。

```
...
<form action="{{ url_for('user.register') }}" method="post" id="register-form">
...
```

action 属性的作用是,在单击"提交"按钮时,将数据发送到某个 URL,这里是提交到 user.register 视图函数中。method 属性用来表示用什么方法发送数据,表单数据通常采用 POST 方法。把表单数据提交到视图函数后,需要先对表单数据做验证,在 pythonbbs 项目根路径下创建一个名叫 forms 的 Python Package,然后创建 user.py 文件,代码如下。

```
from wtforms import Form,StringField,ValidationError
from wtforms.validators import Email,EqualTo,Length
from exts import cache
from models.user import UserModel

class RegisterForm(Form):
    email = StringField(validators=[Email(message="请输入正确格式的邮箱!")])
    captcha = StringField(validators=[Length(min=4,max=4,message="请输入正确格式的验证码!")])
    username = StringField(validators=[Length(min=2,max=20,message="请输入正确长度的用户名!")])
    password = StringField(validators=[Length(min=6,max=20,message="请输入正确长度的密码!")])
    confirm_password = StringField(validators=[EqualTo("password",message="两次密码不一致!")])

    def validate_email(self,field):
        email = field.data
        user = UserModel.query.filter_by(email=email).first()
        if user:
            raise ValidationError(message="邮箱已经存在")
```

```
def validate_captcha(self,field):
    captcha = field.data
    email = self.email.data
    cache_captcha = cache.get(email)
    if not cache_captcha or captcha != cache_captcha:
        raise ValidationError(message="验证码错误！")
```

上述代码中，创建了一个 RegisterForm 表单类，然后定义了 email、captcha、username、password 和 confirm_password 这 5 个字段，并且分别指定了验证器，其中 Email 邮箱验证器必须要安装第三方库 email_validator，打开 PyCharm 的 Terminal，输入以下命令完成安装。

```
$ pip install email_validator
```

除此之外，还对 email 和 captcha 单独做了验证。验证 email 的目的是判断邮箱是否已经被注册过，验证 captcha 的目的是判断验证码是否正确。

考虑到以后在视图函数中的表单验证失败后，需要把错误信息传到模板中。我们定义一个父类，用于从 form.errors 中提取所有字符串类型的错误信息。在 pythonbbs/forms 下新建一个 baseform.py 文件，然后输入以下代码。

```
from wtforms import Form
class BaseForm(Form):
    @property
    def messages(self):
        message_list = []
        if self.errors:
            for errors in self.errors.values():
                message_list.extend(errors)
        return message_list
```

将 RegisterForm 的继承关系修改为如下。

```
...
from .baseform import BaseForm

class RegisterForm(BaseForm):
...
```

以后可以通过 form.messages 获取所有字符串类型的错误信息，用以传给模板进行渲染，这样用户就能知道是哪里输入错了。

下面再把 RegisterForm 导入 blueprints/user.py，完善 register 视图函数，代码如下。

```
from flask import Blueprint, render_template, request, current_app, redirect, url_for
from exts import cache,db
```

```python
import random
from utils import restful
from forms.user import RegisterForm
from models.user import UserModel

...


@bp.route("/register",methods=['GET','POST'])
def register():
  if request.method == 'GET':
    return render_template("front/register.html")
  else:
    form = RegisterForm(request.form)
    if form.validate():
      email = form.email.data
      username = form.username.data
      password = form.password.data
      user = UserModel(email=email,username=username,password=password)
      db.session.add(user)
      db.session.commit()
      return redirect(url_for("user.login"))
    else:
      for message in form.messages:
        flash(message)
      return redirect(url_for("user.register"))


@bp.route('/login')
def login():
  return "login"
```

上述代码中，register 视图函数同时支持 GET 和 POST 两种 method 的请求。因此需要设置@bp.route 中的 methods 参数为['GET', 'POST']。在 register 视图函数中，通过判断 request.method 来执行对应操作。如果是 GET 请求，那么就返回模板；如果是 POST 请求，则构建 RegisterForm 对象，在表单验证通过的情况下，创建 UserModel 对象并保存到数据库中。注册完成后，需要跳转到登录页面，让用户自行登录，这里为了跳转登录页面时不报错，创建了一个非常简单的 login 视图函数。如果验证失败，则把表单的错误信息添加到 flash 中，重新加载注册页面。

在表单验证失败的情况下，由于视图函数已经把错误消息添加到 flash 中了，所以模板中可以通过 get_flashed_messages 获取所有的错误消息。在 templates/front/register.html 中的"立即注册"按钮上添加以下代码。

```
{% with messages = get_flashed_messages() %}
  {% if messages %}
    <div class="form-group">
      <ul>
        {% for message in messages %}
          <li class="text-danger">{{ message }}</li>
        {% endfor %}
      </ul>
    </div>
  {% endif %}
{% endwith %}
<div class="form-group">
  <button class="btn btn-warning btn-block" id="submit-btn">立即注册
</button>
</div>
```

在浏览器中访问 http://127.0.0.1:5000/user/register，然后按照规则输入数据，即可完成注册。如果数据格式输入错误，邮箱已存在，或者验证码错误等，都会在注册页面中显示错误信息，如图 9-27 所示。

图 9-27　注册页面显示错误信息

9.4　登　　录

登录的流程是这样的，用户在登录界面首先输入邮箱和密码，然后提交到视图函数中，视图函数验证邮箱和密码是否正确，如果正确，则把能识别用户的数据添加到cookie中，再返回给浏览器。当浏览器下次再访问本网站下的其他页面时，会自动携带cookie，我们就能知道这个请求是哪个用户发出的。在blueprints/user.py 中已经定义了一个非常简单的login视图函数，login视图函数与register一样，也是同时支持GET和POST方法，在选用GET时返回登录模板，我们将login视图函数代码修改如下。

```
@bp.route('/login',methods=['GET','POST'])
def login():
  if request.method == 'GET':
    return render_template("front/login.html")
  else:
    pass
```

下面在浏览器中访问 http://127.0.0.1:5000/user/login，即可看到如图 9-28 所示的界面。

图 9-28　登录界面

同样，在 templates/front/login.html 中的 form 标签下，添加 csrf_token 的 input 标签，以及渲染表单验证错误信息，代码如下。

```
...
<form action="{{ url_for('user.login') }}" method="post">
    <input type="hidden" name="csrf_token" value="{{ csrf_token() }}">
...
{% with messages = get_flashed_messages() %}
```

```
  {% if messages %}
    <div class="form-group">
      <ul>
        {% for message in messages %}
          <li class="text-danger">{{ message }}</li>
        {% endfor %}
      </ul>
    </div>
  {% endif %}
{% endwith %}
<div class="form-group">
  <button class="btn btn-warning btn-block" id="submit-btn">立即登录</button>
</div>
...
```

接着在 forms/user.py 中,添加一个登录表单 LoginForm,代码如下。

```
class LoginForm(BaseForm):
  email = StringField(validators=[Email(message="请输入正确格式的邮箱!")])
  password = StringField(validators=[Length(min=6, max=20, message="请输入正确长度的密码!")])
  remember = BooleanField()
```

回到 blueprint/user.py 的 login 视图函数中,针对 POST 请求,添加以下代码。

```
from flask import session
from forms.user import LoginForm

@bp.route('/login',methods=['GET','POST'])
def login():
  if request.method == 'GET':
    return render_template("front/login.html")
  else:
    form = LoginForm(request.form)
    if form.validate():
      email = form.email.data
      password = form.password.data
      remember = form.remember.data
      user = UserModel.query.filter_by(email=email).first()
      if user and user.check_password(password):
        session['user_id'] = user.id
        if remember:
          session.permanent = True
        return redirect("/")
```

```
    else:
        flash("邮箱或者密码错误！")
        return redirect(url_for("user.login"))
else:
    for message in form.messages:
        flash(message)
return render_template("front/login.html")
```

上述代码中，我们首先判断邮箱是否存在，然后判断密码是否正确。如果两个条件都满足，就认为是登录成功，然后把user.id存储在session中，因为Flask中的session默认是加密后存储在cookie中的，这也就意味着user.id会被加密存放到cookie中并返回给浏览器。

在登录页面中，我们添加了一个"记住我"复选框，如果用户选中"记住我"复选框，则应该让cookie过期时间长一点（默认情况是浏览器关闭时，cookie就会自动过期），通过设置session.permanent=True来实现，默认过期时间是31天，如果想自定义过期时间，可以在配置中添加参数 PERMANENT_SESSION_LIFETIME，这个参数的类型为timedelta。如设置7天过期，那么在config.py的BaseConfig中添加如下代码。

```
from datetime import timedelta

class BaseConfig:
    ...

    PERMANENT_SESSION_LIFETIME = timedelta(days=7)
```

如果登录成功则让页面跳转到首页，为了确保登录成功后代码不报错，我们在blueprints/front.py中添加一个index视图函数，代码如下。

```
...
@bp.route("/")
def index():
    return "index"
```

在浏览器中访问 http://127.0.0.1:5000/user/login，然后输入邮箱和密码，即可登录成功。

9.5 发布帖子

发布帖子模块与注册模块有些类似，都是用来收集用户输入数据并发送到服务器。

与注册模块不同的是，发布帖子需要选择帖子所属板块，帖子内容是富文本内容，下面分别进行讲解。

9.5.1 添加帖子相关模型

在实现发布帖子功能之前，先创建与帖子相关的模型，包括板块模型、帖子模型、评论模型。打开 models/post.py 文件，添加以下代码。

```python
from exts import db
from datetime import datetime


# 板块模型
class BoardModel(db.Model):
    __tablename__ = 'board'
    id = db.Column(db.Integer, primary_key=True, autoincrement=True)
    name = db.Column(db.String(20), nullable=False)
    create_time = db.Column(db.DateTime, default=datetime.now)
    is_active = db.Column(db.Boolean,default=True)


# 帖子模型
class PostModel(db.Model):
    __tablename__ = 'post'
    id = db.Column(db.Integer, primary_key=True, autoincrement=True)
    title = db.Column(db.String(200), nullable=False)
    content = db.Column(db.Text, nullable=False)
    create_time = db.Column(db.DateTime, default=datetime.now)
    read_count = db.Column(db.Integer,default=0)
    is_active = db.Column(db.Boolean, default=True)
    board_id = db.Column(db.Integer, db.ForeignKey("board.id"))
    author_id = db.Column(db.String(100), db.ForeignKey("user.id"),
nullable=False)

    board = db.relationship("BoardModel", backref="posts")
    author = db.relationship("UserModel", backref='posts')


# 评论模型
class CommentModel(db.Model):
    __tablename__ = 'comment'
    id = db.Column(db.Integer, primary_key=True, autoincrement=True)
```

```
    content = db.Column(db.Text, nullable=False)
    create_time = db.Column(db.DateTime, default=datetime.now)
    is_active = db.Column(db.Boolean, default=True)
    post_id = db.Column(db.Integer, db.ForeignKey("post.id"))
    author_id = db.Column(db.String(100), db.ForeignKey("user.id"),
nullable=False)

    post = db.relationship("PostModel", backref='comments')
    author = db.relationship("UserModel", backref='comments')
```

模型需要被直接或者间接地导入 app.py 文件才能被检索到，在 blueprints/front.py 文件中导入以上模型，然后在 PyCharm 的 Terminal 中执行以下两条命令，即可将模型同步到数据库中。

```
$ flask db migrate -m "add post comment board model"
$ flask db upgrade
```

9.5.2 初始化板块数据

在网站上线前，应该先在数据库中添加一些板块数据，而且板块的数据一旦确定了也不会轻易变化。我们通过命令初始化板块数据，在 pythonbbs/comments.py 文件中添加以下代码。

```
def create_board():
    board_names = ['Python 语法', 'web 开发', '数据分析', '测试开发', '运维开发']
    for board_name in board_names:
        board = BoardModel(name=board_name)
        db.session.add(board)
    db.session.commit()
    click.echo("板块添加成功！")
```

下面再回到 app.py 文件中将 create_board 添加到命令中，代码如下。

```
...
app.cli.command("create-board")(commands.create_board)
```

打开 PyCharm 的 Terminal，执行 flask create-board 命令，即可完成板块数据的初始化。

9.5.3 渲染发布帖子模板

在渲染模板之前，先来看下发布帖子页面的效果，如图 9-29 所示。

图 9-29 发布帖子页面效果

用户需要输入的数据包括标题、板块、内容，我们先来完成模板的渲染。在 blueprints/post.py 文件中，添加 public_post 视图函数，并且需要在模板中显示板块数据，所以在渲染模板时要把所有板块数据传给模板，代码如下。

```
@bp.route("/post/public",methods=['GET','POST'])
def public_post():
  if request.method == 'GET':
    boards = BoardModel.query.all()
    return render_template("front/public_post.html",boards=boards)
  else:
    pass
```

然后在 front/public_post.html 文件中，将板块数据循环渲染到板块的 select 标签下，代码如下。

```
...
<div class="form-group">
  <label>板块</label>
  <select name="board_id" class="form-control">
    {% for board in boards %}
      <option value="{{ board.id }}">{{ board.name }}</option>
    {% endfor %}
  </select>
</div>
...
```

在浏览器中访问 http://127.0.0.1:5000/post/public，可以看到如图 9-30 所示的效果图。

图 9-30　未加入富文本编辑器的发布帖子页面

现在模板虽然渲染了，但是还没有加入内容输入框，内容输入框需要加入富文本编辑器。下面讲解如何加入富文本编辑器。

9.5.4　使用 wangEditor 富文本编辑器

内容部分的输入框，应该具有类似 Word 软件的功能，如可以设置字体大小、颜色等，还可以插入图片，并且所见即所得，也就是编辑的时候是什么效果，以后在网页中展示的也是什么效果，这类编辑器叫作富文本编辑器。目前互联网上有许多免费开源的富文本编辑器，如百度官方出品的 UEditor、国外的 CKEditor，以及国内以王福朋为首的前端团队开发的 wangEditor。笔者尝试使用过多款富文本编辑器发现，wangEditor 简单易用、功能稳定，且有详细的中文文档，本书使用 wangEditor 作为富文本编辑器。

> **注意**
> wangEditor 富文本编辑器的官方文档地址为 https://www.wangeditor.com/doc/。

使用 wangEditor 分为 4 步，第 1 步在模板中引入 wangEditor.js 文件，第 2 步添加生成编辑器的占位标签，第 3 步初始化编辑器，第 4 步设置图片上传 URL，下面分别来实现。

1. 引入 wangEditor.js 文件

打开 templates/front/public_post.js 文件，然后实现 head 这个 block，并添加以下代码。

```
...
{% block head %}
  <script src="https://cdn.jsdelivr.net/npm/wangeditor@latest/dist/wangEditor.min.js"></script>
{% endblock %}
...
```

上述代码中，我们使用 jsdelivr 服务器提供的 cdn 服务加载 wangEditor.min.js 脚本，读者如果要通过自己的服务器加载，可以把 wangEditor.min.js 保存下来，存放到自己的服务器加载即可。

2. 添加生成编辑器的占位标签

在需要生成 wangEditor 富文本编辑器的地方，添加一个占位标签，一般用 div 即可，为了后期方便寻找，在 div 标签上添加一个 id 属性，代码如下。

```
...
<div class="form-group">
  <label>内容</label>
  <div id="editor"></div>
</div>
...
```

3. 初始化编辑器

接下来将编辑器占位标签初始化成真正的编辑器，这里需要用到 JavaScript 代码，我们在 static/front/js 下创建一个 public_post.js 文件，然后添加以下代码。

```
$(function (){
  var editor = new window.wangEditor("#editor");
  editor.create();
});
```

下面在 templates/front/public_post.html 的 head block 中加载此 js 文件，代码如下。

```
...
{% block head %}
  <script src="https://cdn.jsdelivr.net/npm/wangeditor@latest/dist/wangEditor.min.js"></script>
  <script src="{{ url_for('static',filename='front/js/public_post.js') }}"></script>
{% endblock %}
...
```

执行以上代码后,访问 http://127.0.0.1:5000/post/public,就可以看到 wangEditor 编辑器成功被渲染,效果如图 9-29 所示。

4. 设置图片上传 URL

如果不想在 wangEditor 中上传图片,这一步可以忽略,也不影响使用 wangEditor。这里添加图片上传的功能。首先在 blueprints/front.py 文件中添加上传图片的视图函数,代码如下:

```
from flask import Blueprint, request, render_template, jsonify, current_app, url_for
from flask import send_from_directory
from werkzeug.utils import secure_filename
import os

...


@bp.post("/upload/image")
def upload_image():
  f = request.files.get('image')
  extension = f.filename.split('.')[-1].lower()
  if extension not in ['jpg', 'gif', 'png', 'jpeg']:
    return jsonify({
      "errno": 400,
      "data": []
    })
  filename = secure_filename(f.filename)
  f.save(os.path.join(current_app.config.get("UPLOAD_IMAGE_PATH"), filename))
  url = url_for('media.media_file', filename=filename)
  return jsonify({
    "errno": 0,
    "data": [{
      "url": url,
```

```
      "alt": "",
      "href": ""
   }]
})
```

上述代码中,通过在视图函数 upload_image 的 request.files 中获取 image 参数来获取图片,这也意味着前端在上传图片时需要用 image 作为参数名。通过判断文件的后缀名来判断文件是否是图片,如果不是就返回 400 错误。这里没有用 restful 模块中的函数返回 JSON 数据,而是用 jsonify,这是因为 wangEditor 期望返回的结果为如下格式。

```
{
  "errno": 0,
  "data": [{
   "url": url,
   "alt": "",
   "href": ""
   }]
}
```

返回结果中的参数说明如下。

- ☑ errorno:为 0 代表正常,非 0 代表异常。
- ☑ data:图片上传后的信息数组,图片信息包括 URL、提示信息 alt 以及跳转链接 href。

为了防止黑客利用图片文件名攻击服务器,使用 werkzeug.utils.secure_filename 产生一个安全的文件名来保存图片,并且把文件存储在配置项 UPLOAD_IMAGE_PATH 指定的路径下,这个配置项可以自行设置。

在图片保存完成后,再使用 url_for 对 media.media_file 进行反转,用来获取图片的 URL。media.media_file 是新增的用于返回上传的文件的蓝图,为了后期方便,将上传的文件切换到 Nginx 服务器上部署。下面创建一个 URL(以/media 开头的蓝图),在开发阶段都会使用这个蓝图返回图片文件。首先在 blueprints 下创建 media.py 文件,然后输入以下代码。

```python
from flask import Blueprint, current_app
import os

bp = Blueprint("media",__name__,url_prefix="/media")


@bp.get("/<path:filename>")
def media_file(filename):
    return
os.path.join(current_app.config.get("UPLOAD_IMAGE_PATH"),filename)
```

接下来在app.py文件中对media蓝图进行注册，代码如下。

```
from blueprints.media import bp as media_bp
...
app.register_blueprint(media_bp)
...
```

图片上传的视图函数写完后，再来到static/front/js/public_post.js脚本中，添加设置上传图片URL的代码，代码如下。

```
var editor = new window.wangEditor("#editor");
editor.config.uploadImgServer = "/upload/image";
editor.config.uploadFileName = "image";
editor.create();
```

在浏览器中重新加载发布帖子的页面，然后在wangEditor富文本编辑器中单击"图片"按钮，可以看到上传图片的功能已经添加，如图9-31所示。

图9-31　wangEditor添加上传图片功能

但是现在还不能使用上传图片功能，因为 wangEditor 使用 POST 方法上传图片，而我们的项目对非 GET 请求做了 CSRF 防御，必须要提交 csrf_token，这样上传图片才能保证安全。对此可以对 upload_image 视图函数关闭 CSRF 防御，在 exts.py 文件中添加以下代码。

```
...
from flask_wtf import CSRFProtect
...
csrf = CSRFProtect()
```

下面再回到 app.py 文件中，将原来 CSRFProtect(app) 的代码修改为以下代码。

```
...
from exts import csrf
...
csrf.init_app(app)
```

这样做是因为在 blueprints/post.py 文件中也需要使用 csrf 对象，如此可避免循环导入。然后在 upload_image 函数定义中加上 @csrf.exempt 装饰器，代码如下。

```
@bp.post("/upload/image")
@csrf.exempt
def upload_image():
...
```

这样就针对 upload_image 视图函数关闭了 CSRF 防御，我们在 wangEditor 中重新上传图片，可以看到上传图片功能已经可以正常使用了。

9.5.5 未登录限制

现在发布帖子的页面在用户未登录的情况下可以直接访问，这样是不严谨的。如果用户没有登录发布帖子页面，应该重定向到登录页面。在用户访问网站后，为了方便获取当前用户的信息，需要添加 before_request 钩子函数。在 pythonbbs 项目的根路径下创建一个 hooks.py 文件，添加以下代码。

```
from flask import session, g
from models.user import UserModel


def bbs_before_request():
  if "user_id" in session:
    user_id = session.get("user_id")
    try:
```

```
            user = UserModel.query.get(user_id)
            setattr(g,"user",user)
    except Exception:
        pass
```

在pythonbbs/app.py文件中，将bbs_before_request钩子函数添加进去，代码如下。

```
import hooks
...

# 添加钩子函数
app.before_request(hooks.bbs_before_request)
```

这样用户在登录的情况下访问本网站，会在全局对象g上面添加一个user属性，以后通过g.user即可获取到当前登录用户的信息，如果g没有user属性，说明此用户没有登录。

我们把未登录限制做成装饰器，添加到需要登录才能访问的视图函数中。在pythonbbs根目录下创建一个decorators.py文件，然后添加以下代码。

```
from functools import wraps
from flask import redirect, url_for, g


def login_required(func):
    @wraps(func)
    def inner(*args, **kwargs):
        if not hasattr(g, "user"):
            return redirect(url_for("user.login"))
        else:
            return func(*args, **kwargs)

    return inner
```

上述代码中，添加了一个login_required装饰器函数，login_required接收一个函数作为参数，通过全局对象g有无user属性，判断用户是否登录，若未登录就重定向到登录页面，否则就按照正常流程执行被装饰的函数。然后在blueprints/post.py文件中的public_post和upload_image上添加login_required装饰器，修改后代码如下。

```
from decorators import login_required
...

@bp.route("/post/public", methods=['GET', 'POST'])
```

```python
@login_required
def public_post():
    ...

@bp.post("/upload/image")
@csrf.exempt
@login_required
def upload_image():
    ...
```

上述代码中，视图函数上的装饰器是有顺序的，在有多个装饰器的情况下，执行顺序是从里到外，开发者要充分考虑请求到达服务器后执行的过程，合理分配装饰器的位置。

此后用户在未登录的情况下重新访问发布帖子页面时，即会被重定向到登录页面了。

9.5.6 服务端实现发帖功能

在 blueprints/post.py 文件的 public_post 视图函数中，GET 请求是返回模板，POST 请求则是发布帖子。先添加发布帖子的表单，用来验证客户端上传的数据是否正确。在 pythonbbs/forms 下创建一个 post.py 文件，然后添加以下代码。

```python
from .baseform import BaseForm
from wtforms import StringField,IntegerField
from wtforms.validators import InputRequired,Length

class PublicPostForm(BaseForm):
    title = StringField(validators=[Length(min=2,max=100,message='请输入正确长度的标题！')])
    content = StringField(validators=[Length(min=2,message="请输入正确长度的内容！")])
    board_id = IntegerField(validators=[InputRequired(message='请输入板块id！')])
```

上述代码中，添加了 PublicPostForm 类，在其中定义了 title、content、board_id 这 3 个字段。然后把 PublicPostForm 导入 blueprints/front.py 文件，并在 public_post 视图函数中添加如下代码。

```python
@bp.route("/post/public", methods=['GET', 'POST'])
@login_required
def public_post():
    if request.method == 'GET':
```

```python
    boards = BoardModel.query.all()
    return render_template("front/public_post.html", boards=boards)
else:
    form = PublicPostForm(request.form)
    if form.validate():
        title = form.title.data
        content = form.content.data
        board_id = form.board_id.data
        post = PostModel(title=title,content=content,board_id=board_id,
author=g.user)
        db.session.add(post)
        db.session.commit()
        return restful.ok()
    else:
        message = form.messages[0]
        return restful.params_error(message=message)
```

上述代码中，因为在 before_request 钩子函数中已经把 user 绑定到 g 对象上，所以可以直接通过 g.user 获取用户信息，并在初始化 PostModel 时赋值给 author 属性。

9.5.7 使用 AJAX 发布帖子

现在的帖子内容部分是通过 wangEditor 进行编辑的，只有通过 wangEditor 提供的 JavaScript 接口才能获取用户输入的内容，因此发布帖子的请求需要用 AJAX 来实现。wangEditor 是通过 editor.txt.html()方法获取内容的，在 static/front/js/public_post.js 脚本中添加以下代码。

```javascript
$(function (){
  ...

  // 提交按钮单击事件
  $("#submit-btn").click(function (event) {
    event.preventDefault();

    var title = $("input[name='title']").val();
    var board_id = $("select[name='board_id']").val();
    var content = editor.txt.html();

    zlajax.post({
      url: "/post/public",
      data: {title,board_id,content}
```

```
        }).done(function(data){
            setTimeout(function (){
                window.location = "/";
            },2000);
        }).fail(function(error){
            alert(error.message);
        });
    });
});
```

上述代码中，我们绑定了提交按钮事件，然后分别从 HTML 标签中获取用户输入的 title、board_id 以及 content 数据，再用 zlajax.post 方法把数据发送到服务器上。在请求成功后跳转到首页，请求失败则弹出提示对话框。

9.6 首　　页

打开 blueprints/front.py 文件，然后找到 index 视图函数，将代码修改为返回 index.html 模板，代码如下。

```
@bp.route("/")
def index():
    return render_template("front/index.html")
```

在浏览器中访问 http://127.0.0.1:5000，可以看到如图 9-32 所示的页面。

图 9-32　渲染 index.html 模板后的效果

在首页中，左侧帖子列表和右侧板块列表都需要先从视图函数中提取数据，再传给 index.html 模板文件，我们将 index 视图函数代码修改为如下形式。

```python
@bp.route("/")
def index():
    posts = PostModel.query.all()
    boards = BoardModel.query.all()
    context = {
        "posts": posts,
        "boards": boards
    }
    return render_template("front/index.html",**context)
```

接下来在 templates/front/index.html 文件中，循环帖子列表和板块列表。修改后的帖子列表和板块列表代码如下。

```html
...
<ul class="post-list-group">
  {% for post in posts %}
    <li>
    <div class="post-info-group">
      <p class="post-title">
        <a href="#">{{ post.title }}</a>
      </p>
      <p class="post-info">
        <span>作者: {{ post.author.username }}</span>
        <span>发表时间:{{ post.create_time }}</span>
        <span>评论:{{ post.comments|length }}</span>
      </p>
    </div>
    </li>
  {% endfor %}
</ul>

...

<div class="list-group">
  {% if current_board %}
    <a href="/" class="list-group-item">所有板块</a>
  {% else %}
    <a href="/" class="list-group-item active">所有板块</a>
```

```
    {% endif %}
    {% for board in boards %}
      {% if board.id == current_board %}
        <a href="#" class="list-group-item active">{{ board.name }}</a>
      {% else %}
        <a href="#" class="list-group-item">{{ board.name }}</a>
      {% endif %}
    {% endfor %}
</div>
```

上述代码中，首先循环帖子列表，然后把帖子的标题、作者、发表时间以及该帖子评论的数量都显示出来。在板块列表，通过 current_board 参数来表示当前选中的是哪个板块，该参数后续在实现根据板块过滤帖子功能时再加进去。

9.6.1 生成帖子测试数据

在帖子超过一定数量时应该进行分页，但是现在数据库中帖子的数量还太少，我们来生成一些测试数据。这里需要用到 Faker 库来生成随机文字，Faker 库是一个用来生成随机数据的库，可以生成姓名、邮箱、地址以及段落等内容。在 PyCharm 的 Terminal 中通过以下命令安装 Faker 库。

```
$ pip install faker
```

注意

更多 Faker 的使用文档请参考 https://faker.readthedocs.io/en/master/index.html。

我们把生成帖子测试数据写成命令，在 commands.py 文件中添加以下代码。

```
from faker import Faker
import random

def create_test_post():
    fake = Faker(locale="zh_CN")
    author = UserModel.query.first()
    boards = BoardModel.query.all()

    click.echo("开始生成测试帖子...")
    for x in range(98):
        title = fake.sentence()
        content = fake.paragraph(nb_sentences=10)
        random_index = random.randint(0,4)
```

```
        board = boards[random_index]
        post = PostModel(title=title, content=content, board=board, author=author)
        db.session.add(post)
    db.session.commit()
    click.echo("测试帖子生成成功！")
```

在 app.py 文件中注册命令，代码如下。

```
$ app.cli.command("create-test-post")(commands.create_test_post)
```

打开 PyCharm 的 Terminal，执行 flask create-test-post 命令，即可随机生成 98 篇测试帖子。

9.6.2 使用 Flask-Paginate 实现分页

在 Flask 项目中使用 Flask-Paginate 插件可以轻松地实现分页，Flask-Paginate 用的是 Bootstrap 样式，正好与现在的项目架构一样，如果要使用其他样式，可以修改 CSS 属性。在 PyCharm 的 Terminal 中输入以下命令安装 Flask-Paginate。

```
$ pip install flask-paginate
```

在 config.py 文件的 BaseConfig 中添加 PER_PAGE_COUNT 配置，用来指定一页中展示多少数据，这里设置 10 条，代码如下。

```
class BaseConfig:
    ...

    PER_PAGE_COUNT = 10
```

在 blueprints/front.py 的 index 视图函数中，按照当前的页码提取对应的数据，代码如下。

```
@bp.route("/")
def index():
    boards = BoardModel.query.all()

    # 获取页码参数
    page = request.args.get("page", type=int, default=1)

    # 当前 page 下的起始位置
    start = (page - 1) * current_app.config.get("PER_PAGE_COUNT")
    # 当前 page 下的结束位置
    end = start + current_app.config.get("PER_PAGE_COUNT")
```

```
# 查询对象
query_obj = PostModel.query.order_by(PostModel.create_time.desc())
# 总共有多少帖子
total = query_obj.count()

# 当前page下的帖子列表
posts = query_obj.slice(start, end)

# 分页对象
pagination = Pagination(bs_version=4, page=page, total=total,
outer_window=0, inner_window=2, alignment="center")

context = {
  "posts": posts,
  "boards": boards,
  "pagination": pagination
}
return render_template("front/index.html", **context)
```

上述代码中，首先从 URL 参数中提取 page，然后计算当前 page 下提取帖子的起始位置和结束位置。接着按照帖子的发布时间进行排序，统计总共有多少帖子，然后使用 start 和 end 提取帖子列表，最后构建分页对象 Pagination，Pagination 中的参数说明如下。

- ☑ bs_version：Bootstrap 版本，我们的项目中用的是 4，所以这里写 4。
- ☑ page：当前的 page 页码，从 1 开始。
- ☑ total：所有帖子的总数量。
- ☑ outer_window：页码数量太多，出现省略号后，在省略号外层要显示多少个页码，如这里设置为 0，那么就会显示 1 个页码，总是比设置的多 1。
- ☑ inner_window：出现省略号后，当前页码左右两边要显示几个页码。
- ☑ alignment：分页盒子在父盒子内的对齐方式，默认是左对齐，这里修改为中间对齐。

下面在 templates/front/index.html 中的帖子列表的最底部添加{{ pagination.links }}，示例代码如下。

```
<div class="post-group">
 <ul class="post-list-group">
  ...
 </ul>
 {{ pagination.links }}
</div>
```

在浏览器中重新访问首页，可以看到如图 9-33 所示的帖子分页效果。

图 9-33 帖子分页

9.6.3 过滤帖子

在图 9-33 中，实现了所有板块下的帖子分页功能，本节再来实现帖子按照板块过滤的功能。我们规定板块参数同样用查询字符串的方式传递，在 blueprints/front.py 的 index 视图函数中，将代码修改如下：

```
@bp.route("/")
def index():
    boards = BoardModel.query.all()
```

```python
# 获取页码参数
page = request.args.get("page", type=int, default=1)

# 新增：获取板块参数
board_id = request.args.get("board_id",type=int,default=0)

# 当前page下的起始位置
start = (page - 1) * current_app.config.get("PER_PAGE_COUNT")
# 当前page下的结束位置
end = start + current_app.config.get("PER_PAGE_COUNT")

# 查询对象
query_obj = PostModel.query.order_by(PostModel.create_time.desc())

# 新增：过滤帖子
if board_id:
  query_obj = query_obj.filter_by(board_id=board_id)

# 总共有多少帖子
total = query_obj.count()

# 当前page下的帖子列表
posts = query_obj.slice(start, end)

# 分页对象
pagination = Pagination(bs_version=4, page=page, total=total, outer_window=0, inner_window=2, alignment="center")

context = {
  "posts": posts,
  "boards": boards,
  "pagination": pagination,
  # 新增：
  "current_board": board_id
}
return render_template("front/index.html", **context)
```

上述代码中，注释中以"新增："开头的是新增的代码。在上述代码中，我们先从 request.args 中获取 board_id 参数，如果获取到了，则让 query_obj 对 board_id 进行过滤后重新赋值，这样得到的 query_obj 就是该板块下所有的帖子。最后为了能在首页中显示当前的板块，将 board_id 赋值给 current_board 传给模板，为了在首页中实现板块过滤，给板块列表加上超链接，修改后的代码如下。

```
...
{% for board in boards %}
  {% if board.id == current_board %}
    <a href="{{ url_for('front.index',board_id=board.id) }}" class="list-group-item active">{{ board.name }}</a>
  {% else %}
    <a href="{{ url_for('front.index',board_id=board.id) }}" class="list-group-item">{{ board.name }}</a>
  {% endif %}
{% endfor %}
...
```

加载以上代码后，在首页中单击右侧的某个板块，就可以实现根据板块过滤帖子的功能了。

9.7 帖子详情

9.7.1 动态加载帖子详情数据

在 blueprints/post.py 中，添加 post_detail 视图函数，代码如下。

```
@bp.get("/post/detail/<int:post_id>")
def post_detail(post_id):
  post = PostModel.query.get(post_id)
  post.read_count += 1
  db.session.commit()
  return render_template("front/post_detail.html",post=post)
```

上述代码中，在 URL 中定义了一个 post_id 参数，然后提取帖子对象，并且把帖子对象传到了 post_detail.html 模板中。为了能访问帖子详情，首先要在首页的帖子列表中补齐帖子标题的超链接，代码如下。

```
...
<p class="post-title">
  <a href="{{ url_for('front.post_detail',post_id=post.id) }}">
{{ post.title }}</a>
</p>
...
```

在帖子详情页中，把帖子相关的数据填充进去，如发表时间、作者等，代码如下。

```
...
<div class="post-container">
 <h2>{{ post.title }}</h2>
 <p class="post-info-group">
   <span>发表时间：{{ post.create_time }}</span>
   <span>作者：{{ post.author.username }}</span>
   <span>所属板块：{{ post.board.name }}</span>
   <span>阅读数：{{ post.read_count }}</span>
   <span>评论数：{{ post.comments|length }}</span>
 </p>
 <article class="post-content" id="post-content">
   {{ post.content|safe }}
 </article>
</div>
...
```

现在重新加载帖子详情页面，可以看到帖子数据都能正常显示在页面中了。

9.7.2 发布评论

在帖子详情页面底部有一个 textarea 文本框，用于发布帖子评论。在 forms/post.py 中实现一个评论表单功能，代码如下。

```
...
class PublicCommentForm(BaseForm):
  content = StringField(validators=[Length(min=2,max=200,message="请输入正确长度的评论！")])
```

上述代码中，定义了 content 字段，发布评论只需要提交评论内容即可。然后在 blueprints/front.py 中，添加一个 public_comment 视图函数，并添加以下代码。

```
@bp.post("/post/<int:post_id>/comment")
@login_required
def public_comment(post_id):
  form = PublicCommentForm(request.form)
  if form.validate():
    content = form.content.data
    comment = CommentModel(content=content, post_id=post_id, author=g.user)
    db.session.add(comment)
    db.session.commit()
  else:
    for message in form.messages:
      flash(message)
```

```
    return redirect(url_for("front.post_detail", post_id=post_id))
```

上述代码中,我们把帖子 id 通过 URL 参数传过来,然后通过表单获取评论内容。发布评论的视图函数必须在登录的条件下才能访问,因此加了 login_required 装饰器。然后通过 g.user 即可获取到当前登录的用户作为该条评论的作者。评论发表成功,则重新加载帖子详情页面,这样用户就能看到最新的评论数据。评论发表失败,则把表单错误信息传到 flash 中,同时重新加载页面来显示错误信息。在 templates/front/post_detail.html 中添加显示错误信息和表单 URL,代码如下:

```html
...
<form action="{{ url_for('front.public_comment',post_id=post.id) }}" method="post">
  <textarea class="form-control" name="content" id="editor" cols="30" rows="5"></textarea>
  <input type="hidden" name="csrf_token" value="{{ csrf_token() }}">
 {% with messages = get_flashed_messages() %}
   {% if messages %}
     {% for message in messages %}
       <div class="text-danger mt-2">{{ message }}</div>
     {% endfor %}
   {% endif %}
 {% endwith %}
 <div class="comment-btn-group">
   <button class="btn btn-primary" id="comment-btn">发表评论</button>
 </div>
</form>
...
```

接着在 templates/front/post_detail.html 中,把帖子所有的评论循环显示出来,代码如下:

```html
...
<ul class="comment-list-group">
 {% for comment in post.comments %}
   <li>
     <div class="comment-content">
       <p class="author-info">
         <span>{{ comment.author.username }}</span>
         <span>{{ comment.create_time }}</span>
       </p>
       <p class="comment-txt">
         {{ comment.content }}
       </p>
```

```
    </div>
   </li>
  {% endfor %}
</ul>
...
```

现在重新访问任何一篇帖子的详情页,在登录的情况下都可以正常发表评论了。但是,新发表的评论会显示在帖子列表的后面,为了实现通过 post.comments 获取的评论列表能根据发表时间倒序排序,在 CommentModel 中将 post 的 relationship 代码修改如下。

```
...
post = db.relationship("PostModel", backref=db.backref('comments',order_by=create_time.desc()))
...
```

这样,就可以自动按照评论发表时间倒序排序了。

9.8 个人中心

在个人中心模块,可以修改用户头像、个性签名等。首先在 blueprints/user.py 中添加个人中心的视图函数,代码如下。

```
...
@bp.get("/profile/<string:user_id>")
def profile(user_id):
  user = UserModel.query.get(user_id)
  return render_template("front/profile.html",user=user)
...
```

上述代码中,把 user_id 放到 URL 中当作参数传过来。访问当前用户的个人中心和其他用户的个人中心时都需要传递这个参数。下面添加限制,当访问当前用户的个人中心时可以进行编辑,访问其他用户的个人中心则不能编辑,代码如下。

```
...
@bp.get("/profile/<string:user_id>")
def profile(user_id):
  user = UserModel.query.get(user_id)
  is_mine = False
  if hasattr(g,"user") and g.user.id == user_id:
    is_mine = True
```

```
  context = {
    "user": user,
    "is_mine": is_mine
  }
  return render_template("front/profile.html",user=user)…
```

上述代码中,为了在模板中能区分当前是否是自己的个人中心,我们通过逻辑判断后把结果赋值给 is_mine,然后再把 is_mine 传到模板中。

9.8.1 使用 Flask-Avatars 生成随机头像

用户没有上传头像时,如果显示空白会影响用户体验。可以使用 Flask-Avatars 插件来生成随机的头像。使用 Flask-Avatars 插件非常简单,先在 exts.py 中创建 avatars 对象,代码如下。

```
...
from flask_avatars import Avatars
...
avatars = Avatars()
```

在 app.py 中使用 app 对象进行初始化,代码如下。

```
...
from exts import avatars
...
avatars.init_app(app)
...
```

现在在模板中就可以使用 avatars 变量来随机生成头像了。Flask-Avatars 提供了 5 种随机或默认头像的方案,下面分别进行讲解。

1. Gravatar

Gravatar(globally recognized avatar)是一种全球通用的头像服务。用户只需在 Gravatar 官网(https://cn.gravatar.com/)上使用邮箱注册一个账号,并且上传头像,那么在任何支持 Gravatar 的网站上使用相同的邮箱,都可以使用这个头像,当然如果用户没有上传过头像,则会生成一个随机的头像。在模板中使用 avatars.gravatar 函数,代码如下。

```
<img src="{{ avatars.gravatar(email_hash) }}">
```

其中 email_hash 是 email 的哈希值,可以通过以下代码获取邮箱哈希值。

```
import hashlib
```

```
def email_hash(email):
    return hashlib.md5(email.lower().encode("utf-8")).hexdigest()
```

Gravatar 生成的头像效果图，如图 9-34 所示。

2. Robohash

Robohash（官网 https://robohash.org/）是专门提供机器人随机头像的服务，通过 avatars.robohash(text)获取头像，根据 text 随机生成头像，代码如下。

```
<img src="{{ avatars.robohash('jack') }}">
```

Robohash 生成的头像效果图，如图 9-35 所示。

图 9-34　Gravatar 头像效果图　　　　图 9-35　Robohash 头像效果图

3. 社交网站头像

针对全球比较流行的社交平台 Twitter、Facebook、Instagram，可以使用 avatars.social_media 获取指定平台用户的头像。如使用 Twitter 上某人的头像，那么可以使用以下代码实现。

```
<img src="{{ avatars.social_media('Twitter 上某人的头像') }}">
```

4. 默认头像

Flask-Avatars 提供了一个默认的头像，可以通过设置 size 值为 s、m、l 来显示不同尺寸的头像，实现代码如下，效果如图 9-36 所示。

```
<img src="{{ avatars.default(size='l') }}">
```

5. Identicon 哈希头像

Identicon 是一种基于用户信息的哈希值生成图像的技术，如根据 IP 地址、邮箱等，其雏形是 9 个方格的图案，现在已经发展到许多其他类型的生成模式了。Identicon 生成的头像效果如图 9-37 所示。

图 9-36　默认头像效果图　　　　图 9-37　Identicon 头像效果图

Identicon 会将生成的图片保存到指定位置。所以我们首先要在 config.py 中添加参数 AVATARS_SAVE_PATH，如这里在 DevelopmentConfig 中添加如下代码。

```
AVATARS_SAVE_PATH = os.path.join(BaseConfig.UPLOAD_IMAGE_PATH,"avatars")
```

上述代码中，我们将头像的存储路径设置在 BaseConfig.UPLOAD_IMAGE_PATH 的 avatars 文件夹下，然后在用户模型中实现一个生成头像的方法，示例代码如下。

```
class User(db.Model):
    avatar_s = db.Column(db.String(64))
    avatar_m = db.Column(db.String(64))
    avatar_l = db.Column(db.String(64))

    def __init__():
        generate_avatar()

    def generate_avatar(self):
        avatar = Identicon()
        filenames = avatar.generate(text=self.email)
        self.avatar_s = filenames[0]
        self.avatar_m = filenames[1]
        self.avatar_l = filenames[2]
        db.session.commit()
```

以后在创建用户对象时，会自动调用 generate_avatar 方法，并且将生成的头像分别存储到 avatar_s、avatar_m 和 avatar_l 上。

现在采取上述第一种方案 Gravatar 来生成随机头像，avatars.gravatar 需要使用邮箱的哈希值作为参数，需要在 pythonbbs 项目根路径下创建一个 filters.py 文件，用来存放过滤器。下面先创建一个 email_hash 装饰器函数，代码如下。

```
import hashlib
```

```
def email_hash(email):
    return hashlib.md5(email.lower().encode("utf-8")).hexdigest()
```

下面在 app.py 中导入 filters，通过 app.template_filter 函数添加过滤器，代码如下。

```
# 添加模板过滤器
app.template_filter("email_hash")(filters.email_hash)
```

接着在 templates/front/profile.html 中，将头像部分的代码替换为如下代码。

```
...
<tr>
  <th>头像: </th>
  <td>
    <img class="avatar" src="{{ avatars.default(size='l') }}" alt="">
  </td>
</tr>
...
```

现在重新访问个人中心页面，即可以生成随机头像了。

9.8.2 修改导航条上的登录状态

现在再修改一下导航条右侧展示数据的逻辑。即在没有登录的情况下显示登录、注册链接；在登录的情况下显示用户名和退出登录链接；单击用户名链接时可以跳转到个人中心页面。下面在 templates/front/base.html 中，将导航条右侧部分的代码修改如下。

```
...
<ul class="navbar-nav ml-4">
  {% if g.user %}
    <li class="nav-item">
      <a href="{{ url_for('user.profile',user_id=g.user.id) }}" class="nav-link">{{ g.user.username }}</a>
    </li>
    <li class="nav-item">
      <a href="{{ url_for("user.logout") }}" class="nav-link">退出登录</a>
    </li>
  {% else %}
    <li class="nav-item">
      <a class="nav-link" href="{{ url_for('user.login') }}">登录</a>
    </li>
    <li class="nav-item">
      <a class="nav-link" href="{{ url_for('user.register') }}">注册</a>
    </li>
```

```
    {% endif %}
</ul>
...
```

上述代码中，我们通过判断对象 g 是否有 user 属性，如果有，说明已经登录，则显示用户名和退出登录链接，如果没有，则显示登录和注册链接。上面我们还添加了退出登录的链接，接下来再来到 blueprints/user.py 中，添加 logout 视图函数代码。

```
...
@bp.get('/logout')
def logout():
    session.clear()
    return redirect("/")
...
```

通过在 session 中保存 user_id 作为登录的标志，所以在上述代码中，清理 session 中的数据即可完成退出登录，在退出登录后会跳转到首页。

9.8.3　根据用户显示个人中心

由于本人的个人中心和别人的个人中心用的是同一个 URL 和模板，因此需要在模板中进行区分。访问本人的个人中心时，数据可以编辑；访问别人的个人中心时，则仅展示数据。图 9-38 所示为本人的个人中心效果图，图 9-39 所示为别人的个人中心效果图。

图 9-38　本人的个人中心

图 9-39　别人的个人中心

图 9-38 和图 9-39 的区别在于,图 9-38 能对数据进行编辑,图 9-39 只能访问不能编辑。两个效果图的 templates/front/profile.html 模板代码如下。

```
...
<form action="" method="post" enctype="multipart/form-data">
  <table class="table table-bordered mt-5">
    <tbody>
      <tr>
        <th width="100px">用户名: </th>
        <td>
          {% if is_mine %}
            <input type="text" name="username" value="{{ user.username }}">
          {% else %}
            {{ user.username }}
          {% endif %}
        </td>
      </tr>
      <tr>
        <th>头像: </th>
        <td>
          <img class="avatar" src="{{ avatars.gravatar(user.email|email_hash)|replace('https://gravatar.com/avatar/','https://gravatar.loli.net/avatar/') }}" alt="">
          {% if is_mine %}
            <input type="file" name="avatar" accept="image/jpeg, image/
```

```html
png" value="上传头像">
          {% endif %}
        </td>
      </tr>
      <tr>
        <th>签名: </th>
        <td>
          {% if is_mine %}
            <input type="text" name="signature" value="{{ user.signature or "" }}">
          {% else %}
            {{ user.signature or "" }}
          {% endif %}
        </td>
      </tr>
    </tbody>
  </table>
  {% if is_mine %}
    <div style="text-align: center;">
      <button class="btn btn-primary">保存</button>
    </div>
  {% endif %}
</form>
...
```

上述代码中，在渲染用户个人数据时，通过判断 is_mine 是否为 True，用来决定是否需要渲染输入框。为了在 is_mine 为 True 的情况下，用户修改后的数据能进行保存，在 table 标签外套了一层 form 标签，并且因为涉及图片上传，所以又在 form 标签上添加了属性 enctype="multipart/form-data"。由于现在还没有写好修改用户信息的 URL 和视图，因此 form 标签上的 action 暂时为空。另外，还有一些小细节，就是在使用 avatars.gravatar 渲染随机头像时，默认会使用 Gravatar 官网的服务器加载图片，因为 Gravatar 服务器在国外，可能导致加载太慢或者加载失败，所以将 https://gravatar.com/avatar/替换为国内的镜像，如使用 https://gravatar.loli.net/avatar/。

9.8.4 修改用户信息

在访问用户本人的个人中心，并且对数据进行修改后，单击"保存"按钮，把数据发送到视图函数进行修改。修改用户信息时，可以修改用户名、头像、签名，因此先在 forms/user.py 中添加一个 EditProfileForm 类，代码如下。

```python
from wtforms import FileField
from flask_wtf.file import FileAllowed
...
class EditProfileForm(BaseForm):
    username = StringField(validators=[Length(min=2,max=20,message="请输入正确格式的用户名!")])
    avatar = FileField(validators=[FileAllowed(['jpg','jpeg','png'],message="文件类型错误!")])
    signature = StringField()

    def validate_signature(self,field):
        signature = field.data
        if signature and len(signature) > 100:
            raise ValidationError(message="签名不能超过100个字符")
...
```

上述代码中添加了 3 个字段，分别为 username、avatar 和 signature。其中 avatar 是文件类型，所以我们用 FileFiled 类型，为了限制文件后缀名，添加了 FileAllowed 验证器，指定只能上传 jpg、jpeg 以及 png 格式的文件。接着再把 EditProfileForm 类导入到 blueprints/user.py，然后再实现一个视图函数 edit_profile，代码如下。

```python
...
from werkzeug.datastructures import CombinedMultiDict
from werkzeug.utils import secure_filename
from flask import send_from_directory
...
@bp.post("/profile/edit")
@login_required
def edit_profile():
    form = EditProfileForm(CombinedMultiDict([request.form,request.files]))
    if form.validate():
        username = form.username.data
        avatar = form.avatar.data
        signature = form.signature.data

        # 如果上传了头像
        if avatar:
            # 生成安全的文件名
            filename = secure_filename(avatar.filename)
            # 拼接头像存储路径
            avatar_path = os.path.join(current_app.config.get("AVATARS_SAVE_PATH"), filename)
            # 保存文件
```

```
    avatar.save(avatar_path)
    # 设置头像的 URL
    g.user.avatar = url_for("media.media_file",filename=os.path.join
("avatars",filename))

  g.user.username = username
  g.user.signature = signature
  db.session.commit()
  return redirect(url_for("user.profile",user_id=g.user.id))
 else:
  for message in form.messages:
   flash(message)
  return redirect(url_for("user.profile",user_id=g.user.id))
...
```

在 Flask 项目中，通过 request.files 可以获取前端上传的文件，通过 request.form 可以获取普通表单数据。为了对文件和普通表单数据都能做验证，使用 werkzeug.datastructures.CombinedMultiDict 方法将 request.files 和 request.form 合并成一个结构，再传给 EditProfileForm 进行验证。在上传了头像的情况下，把头像保存到 AVATARS_SAVE_PATH 参数配置项指定的路径下，然后使用 media.media_file 反转的 URL，赋值给当前用户的 avatar 属性，并且在后面分别指定用户名和签名，即可完成用户信息的修改。

在个人中心模板中，再将头像渲染逻辑修改一下，首先判断 user.avatar 是否有值，如果有则渲染 user.avatar，否则就渲染 gravatar 头像，代码修改后如下所示。

```
...
<th>头像: </th>
<td>
  {% if user.avatar %}
    <img src="{{ user.avatar }}" alt="">
  {% else %}
    <img class="avatar" src="{{ avatars.gravatar(user.email|email_hash) }}" alt="">
  {% endif %}
  {% if is_mine %}
    <input type="file" name="avatar" accept="image/jpeg, image/png" value="上传头像">
  {% endif %}
</td>
...
```

现在网站只有访问用户自己个人中心的入口，我们在帖子详情页中给帖子作者添加作者个人中心的入口，在 templates/front/post_detail.html 中，将显示作者部分的代码修改如下。

```
...
<span>作者: <a href="{{ url_for('user.profile',user_id=post.author.id) }}">{{ post.author.username }}</a></span>
...
```

至此,实现了个人中心的所有功能。

9.9 CMS 管理系统

一个能让用户发布内容的网站必须要有 CMS 管理系统,因为你不能确定用户发布的内容是否合法合规。pythonbbs 网站的 CMS 系统包括帖子管理、评论管理、前台用户管理、后台用户管理等。其中许多模块的实现技术大同小异,我们会选择有代表性的模块进行讲解,其他模块读者可自行完成。

9.9.1 CMS 入口

首先在 blueprints/cms.py 中实现一个 CMS 首页的视图函数,代码如下。

```
...
@bp.get("")
def index():
    return render_template("cms/index.html")
...
```

下面在前台页面导航条上判断是否是员工,如果是,则添加 CMS 入口链接。将 templates/front/base.html 的导航条部分代码修改如下。

```
...
{% if g.user.is_staff %}
 <li class="nav-item">
   <a href="{{ url_for('cms.index') }}" class="nav-link">管理系统</a>
 </li>
{% endif %}
<li class="nav-item">
  <a href="{{ url_for('user.profile',user_id=g.user.id) }}" class="nav-link">{{ g.user.username }}</a>
</li>
...
```

显示效果如图9-40所示。

图9-40 有CMS入口的前台页面

单击右上角的"管理系统",即可进入CMS系统的首页。

9.9.2 权限管理

我们在定义权限时,分别定义了板块、帖子、评论、前台用户、后台用户的管理权限,并且针对这些权限分别定义了稽查、运营、管理员3个角色,这3个角色拥有的权限请参考表9-1。另外,如果当前用户不是员工,则不允许访问CMS系统。我们先在blueprints/cms.py中添加before_request钩子函数,并在访问该蓝图下的视图函数前,先判断user.is_staff是否为True,如果不是,则不允许访问,代码如下。

```
...
@bp.before_request
def cms_before_request():
    if not hasattr(g,"user") or g.user.is_staff == False:
        return redirect("/")
...
```

之所以在cms的蓝图中添加before_request钩子函数,而不是在app上添加,原因是这个判断只需针对cms的蓝图,而不需要进行全局判断。

我们再来针对角色做权限限制。先规定某个视图函数需要的权限，然后判断当前用户所属的角色有没有这个权限，如果有就能访问，否则就不能访问。我们可以使用装饰器来实现权限限制，在 pythonbbs/decorators.py 中添加以下代码。

```
...
from flask import abort
...
def permission_required(permission):
  def outer(func):
    @wraps(func)
    def inner(*args, **kwargs):
      if hasattr(g,"user") and g.user.has_permission(permission):
        return func(*args, **kwargs)
      else:
        return abort(403)
    return inner
  return outer
...
```

上述代码中，我们定义了一个装饰器 permission_required，这个装饰器接收一个权限作为参数，在装饰器里面判断当前用户是否登录，并且是否拥有这个权限，如果有权限，则正常执行视图函数，否则抛出 403 错误。

如果用稽查用户访问 CMS 后台系统，依然可以看到，在左侧并没有权限的入口，如"用户管理""员工管理"等，CMS 管理系统首页如图 9-41 所示。

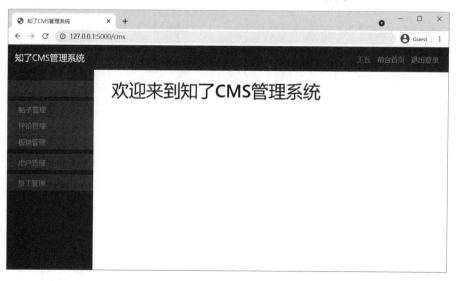

图 9-41 CMS 管理系统首页

这显然是不符合实际的。在侧边栏显示导航链接，应该先判断该用户是否有此项权限，有则渲染，无则不渲染。判断权限需要使用 PermissionEnum，因此在 blueprints/cms.py 中添加 context_processor 钩子函数，把 PermissionEnum 传给模板，代码如下。

```python
...
from models.user import PermissionEnum

@bp.context_processor
def cms_context_processor():
    return {"PermissionEnum": PermissionEnum}
...
```

在 templates/cms/base.html 中，将侧边栏中的导航渲染功能修改为如下代码。

```
...
<ul class="nav-sidebar">
  <li class="unfold"><a href="{{ url_for('cms.index') }}">首页</a></li>
  {% set user = g.user %}
  {% if user.has_permission(PermissionEnum.POST) %}
    <li class="nav-group post-manage"><a href="#">帖子管理</a></li>
  {% endif %}
  {% if user.has_permission(PermissionEnum.COMMENT) %}
    <li class="comments-manage"><a href="#">评论管理</a></li>
  {% endif %}
  {% if user.has_permission(PermissionEnum.BOARD) %}
    <li class="board-manage"><a href="#">板块管理</a></li>
  {% endif %}
  {% if user.has_permission(PermissionEnum.FRONT_USER) %}
    <li class="nav-group user-manage"><a href="#">前台用户管理</a></li>
  {% endif %}
  {% if user.has_permission(PermissionEnum.CMS_USER) %}
    <li class="nav-group UserModel-manage"><a href="#">员工管理</a></li>
  {% endif %}
</ul>
...
```

此时我们再用稽查权限组下的用户访问 CMS 首页时，可以看到在侧边栏导航中只有"帖子管理"和"评论管理"了，如图 9-42 所示。

图 9-42 有权限管理的 CMS 首页

9.9.3 员工管理页面

用户模型的属性 is_staff 为 True 的用户为员工。管理员角色下的用户可以对其他角色下的用户进行管理，如取消员工资格、修改分组等。管理员之间无法修改对方信息。我们首先在 blueprints/cms.py 中添加 staff_list 视图函数，代码如下。

```python
@bp.get("/staff/list")
@permission_required(PermissionEnum.CMS_USER)
def staff_list():
    users = UserModel.query.filter_by(is_staff=True).all()
    return render_template("cms/staff_list.html",users=users)
```

因为员工管理必须要有 PermissionEnum.CMS_USER 权限，所以要对视图函数添加 @permission_required(PermissionEnum.CMS_USER)装饰器限制，包括后面的添加员工和编辑员工都属于员工管理，在编写相关视图时都要添加此装饰器限制。staff_list 视图函数中，首先提取了所有 is_staff 为 True 的用户，没有做分页处理，分页逻辑与首页帖子列表分页是一样的，读者可以自行添加。然后将 templates/cms/staff_list.html 的员工列表部分修改为如下代码。

```
<tbody>
  {% for user in users %}
    <tr>
      <td>{{ loop.index }}</td>
```

```html
      <td>{{ user.email }}</td>
      <td>{{ user.username }}</td>
      <td>{{ user.join_time }}</td>
      <td>{{ user.role.name }}</td>
      <td>
        {% if not user.has_permission(PermissionEnum.CMS_USER) %}
          <a href="#" class="btn btn-info btn-sm">编辑</a>
        {% endif %}
      </td>
    </tr>
  {% endfor %}
</tbody>
```

上述代码中，我们循环员工列表，然后在表格的每列分别渲染对应的值。在渲染"编辑"按钮时，先判断该用户是否为管理员，如果是则不渲染，如果不是则渲染。在 templates/cms/base.html 中，在员工管理下添加超链接，实现单击即可跳转到员工管理页面的功能，代码如下：

```
...
{% if user.has_permission(PermissionEnum.CMS_USER) %}
  <li class="nav-group UserModel-manage"><a href="{{ url_for('cms.staff_list') }}">员工管理</a></li>
{% endif %}
...
```

访问员工管理页面，即可看到如图 9-43 所示的效果。

图 9-43　员工管理页面

9.9.4 添加员工

在员工管理页面，有一个"添加员工"按钮，单击后可以跳转到"添加员工"页面。先在 blueprints/cms.py 中添加 add_staff 视图函数，代码如下。

```
@bp.route("/staff/add",methods=['GET','POST'])
@permission_required(PermissionEnum.CMS_USER)
def add_staff():
  if request.method == "GET":
    roles = RoleModel.query.all()
    return render_template("cms/add_staff.html",roles=roles)
```

上述代码中，首先在 GET 请求中渲染了添加员工的模板。然后在员工管理页面的"添加员工"按钮上，添加跳转到"添加员工"页面的超链接，代码如下。

```
<a href="{{ url_for('cms.add_staff') }}" class="btn btn-primary mb-3">添加员工</a>
```

单击"添加员工"按钮，即可看到如图 9-44 所示的效果。

图 9-44 "添加员工"页面效果

在图 9-44 中，角色只是静态数据，我们将角色部分代码修改成如下形式。

```
<div class="form-group">
  <label>角色：</label>
```

```
{% for role in roles %}
  <div class="form-check form-check-inline">
    <input class="form-check-input" type="radio" name="role" id="inlineRadio{{ loop.index }}" value="{{ role.id }}">
    <label class="form-check-label" for="inlineRadio{{loop.index}}">{{ role.name }}</label>
  </div>
{% endfor %}
</div>
```

我们再访问"添加员工"页面，角色部分就能渲染出真实数据了，如图9-45所示。

图 9-45 渲染真实角色数据的"添加员工"页面

下面再在 forms 文件夹下创建 cms.py 文件，用来存放 cms 蓝图下的表单，并且创建 AddStaffForm 类，代码如下。

```
from .baseform import BaseForm
from wtforms import StringField, IntegerField
from wtforms.validators import Email, InputRequired


class AddStaffForm(BaseForm):
    email = StringField(validators=[Email(message="请输入正确格式的邮箱！")])
    role = IntegerField(validators=[InputRequired(message="请选择角色！")])
```

接着在 blueprints/cms.py 的 add_staff 视图函数中，完成在 POST 请求情况下的员工数据验证与保存，代码如下。

```python
@bp.route("/staff/add",methods=['GET','POST'])
@permission_required(PermissionEnum.CMS_USER)
def add_staff():
  if request.method == "GET":
    roles = RoleModel.query.all()
    return render_template("cms/add_staff.html",roles=roles)
  else:
    form = AddStaffForm(request.form)
    if form.validate():
      email = form.email.data
      role_id = form.role.data
      user = UserModel.query.filter_by(email=email).first()
      if not user:
        flash("没有此用户！")
        return redirect(url_for("cms.add_staff"))
      user.is_staff = True
      user.role = RoleModel.query.get(role_id)
      db.session.commit()
      return redirect(url_for("cms.staff_list"))
```

以后如果再添加员工，用户把注册网站时的邮箱发给管理员，即可选择角色添加为员工。

9.9.5　编辑员工

编辑员工要求只能编辑员工的分组、取消员工访问后台的权限，不能修改员工的邮箱、用户名、密码等信息。我们首先在 blueprints/cms.py 中添加一个名叫 edit_staff 的视图函数，并添加以下代码。

```python
@bp.route("/staff/edit/<string:user_id>",methods=['GET','POST'])
@permission_required(PermissionEnum.CMS_USER)
def edit_staff(user_id):
  user = UserModel.query.get(user_id)
  if request.method == 'GET':
    roles = RoleModel.query.all()
    return render_template("cms/edit_staff.html",user=user,roles=roles)
```

下面在员工管理的员工列表部分，为"编辑"按钮添加编辑员工的超链接，代码如下。

```
{% if not user.has_permission(PermissionEnum.CMS_USER) %}
  <a href="{{ url_for('cms.edit_staff',user_id=user.id) }}" class="btn btn-info btn-sm">编辑</a>
{% endif %}
```

重新访问员工管理页面，然后随机单击某个用户的"编辑"按钮，即可跳转到"编辑员工"页面，如图9-46所示。

图9-46 "编辑员工"页面

接着在 forms/cms.py 中添加一个 EditStaffForm 的表单，代码如下。

```
class EditStaffForm(BaseForm):
  is_staff = BooleanField(validators=[InputRequired(message="请选择是否为员工！")])
  role = IntegerField(validators=[InputRequired(message="请选择分组！")])
```

完善 edit_staff 视图函数在 POST 请求情况下的逻辑处理，代码如下。

```
@bp.route("/staff/edit/<string:user_id>",methods=['GET','POST'])
@permission_required(PermissionEnum.CMS_USER)
def edit_staff(user_id):
  user = UserModel.query.get(user_id)
  if request.method == 'GET':
    roles = RoleModel.query.all()
    return render_template("cms/edit_staff.html",user=user,roles=roles)
  else:
    form = EditStaffForm(request.form)
    if form.validate():
      is_staff = form.is_staff.data
      role_id = form.role.data
```

```
      user.is_staff = is_staff
      if user.role.id != role_id:
        user.role = RoleModel.query.get(role_id)
      db.session.commit()
      return redirect(url_for("cms.edit_staff",user_id=user_id))
    else:
      for message in form.messages:
        flash(message)
      return redirect(url_for("cms.edit_staff",user_id=user_id))
```

加载以上代码，在浏览器中就可以修改非管理员角色的用户信息了。

9.9.6 管理前台用户

前台用户的管理工作主要包括禁用和取消禁用，如果业务复杂一些，还可以实现对某个用户禁言一段时间的功能。但是无法对用户的信息进行编辑，如修改邮箱、密码等。另外，考虑到数据的价值，一般不会轻易删除用户。下面在 blueprints/cms.py 中添加 user_list 视图函数，用于返回用户列表。

```
@bp.route("/users")
@permission_required(PermissionEnum.FRONT_USER)
def user_list():
  users = UserModel.query.filter_by(is_staff=False).all()
  return render_template("cms/users.html",users=users)
```

再在 templates/cms/base.html 中，对侧边栏中的"用户管理"添加超链接，代码如下。

```
<li class="nav-group user-manage"><a href="{{ url_for('cms.user_list') }}">用户管理</a></li>
```

访问"用户管理"页面，即可看到如图 9-47 所示的效果。

在"用户管理"页面的用户列表中，每行都有"禁用"按钮，这种情况比较适合使用 AJAX 方式来实现，首先在 blueprints/cms.py 中实现 active_user 视图函数，代码如下。

```
@bp.post("/users/active/<string:user_id>")
@permission_required(PermissionEnum.FRONT_USER)
def active_user(user_id):
  is_active = request.form.get("is_active",type=int)
  if is_active == None:
    return restful.params_error(message="请传入is_active参数！")
  user = UserModel.query.get(user_id)
  user.is_active = bool(is_active)
  db.session.commit()
  return restful.ok()
```

图9-47 "用户管理"页面效果

因为用 AJAX 来交互数据,所以视图函数中需要用 restful 模块返回 JSON 格式的响应,在实现 JavaScript 代码前,我们有必要先了解"禁用"和"取消禁用"按钮在模板 templates/cms/users.html 中的代码结构,代码如下。

```
...
<td>
  {% if user.is_active %}
    <button class="btn btn-danger btn-sm active-btn" data-active="1" data-user-id="{{ user.id }}">禁用</button>
  {% else %}
    <button class="btn btn-info btn-sm active-btn" data-active="0" data-user-id="{{ user.id }}">取消禁用</button>
  {% endif %}
</td>
...
```

上述代码中,把用户的 id 和用户当前是否可用的值,通过 data-*属性绑定到了"禁用"和"取消禁用"按钮上,以方便后面在 JavaScript 代码中获取。接下来在 static/cms/js 文件夹下创建 users.js 文件,并且添加以下代码。

```
$(function (){
  $(".active-btn").click(function (event){
    event.preventDefault();
```

```javascript
var $this = $(this);
var is_active = parseInt($this.attr("data-active"));
var message = is_active?"您确定要禁用此用户吗?":"您确定要取消禁用此用户吗?";
var user_id = $this.attr("data-user-id");
var result = confirm(message);
if(!result){
  return;
}
var data = {
  is_active: is_active?0:1
}
zlajax.post({
  url: "/cms/users/active/" + user_id,
  data: data
}).done(function (){
  window.location.reload();
}).fail(function (error){
  alert(error.message);
})
});
});
```

上述代码中，因为所有的"禁用"和"取消禁用"按钮的类名都包含 active-btn，所以通过寻找类名为 active-btn 的元素来绑定单击事件。然后通过获取 is_active 来判断当前用户应"禁用"还是"取消禁用"。使用 confirm 来判断是否真的要执行下一步的操作，效果如图 9-48 所示。

图 9-48 中，如果单击 OK 按钮，则发送 AJAX 请求更改用户状态。

在用户被禁用后，应该限制用户登录，在 blueprints/user.py 的 login 视图函数中，将代码修改如下。

```python
...
if user and user.check_password(password):
  if not user.is_active:
    flash("该用户已被禁用！")
    return redirect(url_for("user.login"))
  session['user_id'] = user.id
  if remember:
    session.permanent = True
  return redirect("/")
...
```

图 9-48　确认是否取消禁用

除此之外，在 decorators.py 模块下的 login_required 装饰器中，也应该添加对用户是否被禁用的验证。将 login_required 代码修改如下。

```
...
def inner(*args, **kwargs):
    if not hasattr(g, "user"):
        return redirect(url_for("user.login"))
    elif not g.user.is_active:
        flash("该用户已被禁用！")
        return redirect(url_for("user.login"))
    else:
        return func(*args, **kwargs)
...
```

至此，在用户被禁用的状态下，被禁用的用户将无法访问所有需要登录权限的页面了。

9.9.7　帖子管理

帖子管理工作也仅仅是隐藏和显示，不能帮用户编辑帖子，隐藏帖子功能与禁用用户类似。我们首先实现帖子管理视图，用于渲染帖子列表。在 blueprints/cms.py 中添加 post_list 和 active_post 两个视图函数，代码如下。

```
...
@bp.get('/posts')
```

```python
@permission_required(PermissionEnum.POST)
def post_list():
    posts = PostModel.query.all()
    return render_template("cms/posts.html",posts=posts)

@bp.post('/posts/active/<int:post_id>')
def active_post(post_id):
    is_active = request.form.get("is_active", type=int)
    if is_active == None:
        return restful.params_error(message="请传入is_active参数!")
    post = PostModel.query.get(post_id)
    post.is_active = bool(is_active)
    db.session.commit()
    return restful.ok()
...
```

上述代码中，post_list 视图函数没有帖子分页的功能，读者可以参照首页帖子列表的分页功能进行实现。在浏览器中访问"帖子管理"页面，效果如图9-49所示。

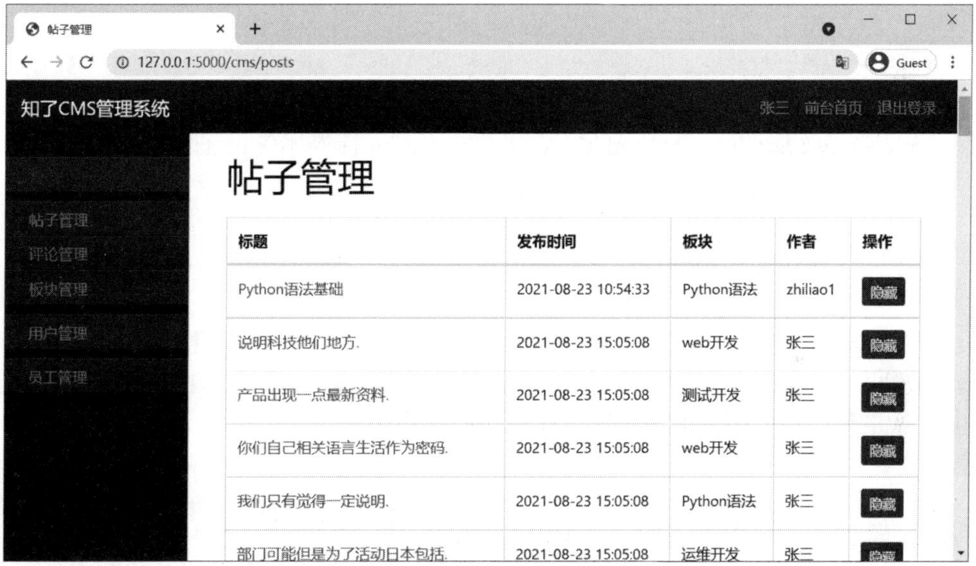

图9-49　"帖子管理"页面

在 static/cms/js 下创建一个 posts.js 文件，并添加以下代码。

```javascript
$(function (){
  $(".active-btn").click(function (event){
    event.preventDefault();
    var $this = $(this);
```

```
    var is_active = parseInt($this.attr("data-active"));
    var message = is_active?"您确定要隐藏此帖子吗?":"您确定要显示此帖子吗?";
    var post_id = $this.attr("data-post-id");
    var result = confirm(message);
    if(!result){
      return;
    }
    var data = {
      is_active: is_active?0:1
    }
    console.log(data);
    zlajax.post({
      url: "/cms/posts/active/" + post_id,
      data: data
    }).done(function (){
      window.location.reload();
    }).fail(function (error){
      alert(error.message);
    })
  });
});
```

上述代码的实现逻辑与禁用用户是一样的，仅需要修改相关参数和 URL 即可。接下来在 template/cms/posts.html 的 head block 中，通过 script 标签加载 posts.js 文件，代码如下。

```
{% block head %}
  <script src="{{ url_for('static',filename='cms/js/posts.js') }}"></script>
{% endblock %}
```

这样在浏览器中就可以通过单击"隐藏"或者"显示"按钮来对帖子进行操作了。当帖子被隐藏后，在首页渲染帖子列表时，应该过滤掉被隐藏的帖子。在 blueprints/front.py 的 index 视图函数中，将提取帖子的代码修改如下。

```
...
query_obj = PostModel.query.filter_by(is_active=True).order_by(PostModel.create_time.desc())
...
```

9.9.8　评论管理

评论管理的实现逻辑与帖子管理类似，读者可以自行完成。但是有一点需要注意，评论被禁用后，在帖子详情页应该过滤被禁用的评论。现在我们是通过 post.comments 获取帖子下的评论，由于 post.comments 是一个列表，无法使用 filter_by 方法进行过滤，所以我们将 models/post.py 中的 CommentModel 模型的 post 属性修改为如下代码。

```
...
post = db.relationship("PostModel", backref=db.backref('comments',order_by=create_time.desc(),lazy="dynamic"))
...
```

上述代码中，在 db.backref 函数中加入了 lazy="dynamic"参数，这将使 post.comments 变成一个 AppenderQuery 对象，从而可以使用 filter 或者 filter_by 方法进行过滤。我们在帖子详情页 templates/front/post_detail.html 中将评论列表部分修改成如下代码。

```
...
{% for comment in post.comments.filter_by(is_active=True) %}
...
```

因为 post.comments 不是列表类型了，无法使用 length 过滤器，所以可以使用 AppenderQuery 的 count 方法，在首页模板 templates/front/index.html 和帖子详情模板 templates/front/post_detail.html 的显示评论数量的地方，将代码修改如下。

```
...
{{ post.comments.count() }}
...
```

9.9.9 板块管理

板块管理使用到的知识点与前面的用户管理类似，这里不再重复讲解，读者可以自行完成。板块管理要实现的功能如下。

（1）"禁用"和"取消禁用"：禁用板块后，在首页中不应该再渲染该板块，并且该板块下的帖子不能访问，所以在帖子详情中要做好判断。

（2）编辑板块：仅可以对板块的名称进行修改。

9.10 错误处理

网站在处理用户的请求后，响应状态码不一定全部是 200，有可能出现 URL 不存在的 404 错误，或者没有权限访问的 403 错误等。针对这些非 200 的错误状态码，可以为每个错误状态码实现一个页面，在出现类似错误时，Flask 会自动返回一个包含错误状态码的页面。添加错误状态码的处理逻辑是通过@app.errorhandler装饰器实现的,也是属于钩子函数的一种,我们在hooks.py中添加以下代码。

```
...
def bbs_404_error(error):
    return render_template("errors/404.html"), 404

def bbs_401_error(error):
    return render_template("errors/401.html"), 401

def bbs_500_error(error):
    return render_template("errors/500.html"), 500
```

下面在app.py中,将以上3个处理错误的钩子函数注册到app中,代码如下。

```
...
app.errorhandler(401)(hooks.bbs_401_error)
app.errorhandler(404)(hooks.bbs_404_error)
app.errorhandler(500)(hooks.bbs_500_error)
```

在浏览器中访问一个不存在的URL,如 http://127.0.0.1:5000/abc,可以看到会显示404错误页面,如图9-50所示。

图9-50　404错误页面

9.11 日 志

日志是一个商业网站必备的功能,用日志可以记录网站运行中产生的信息,这些信息包括网站运行时产生的异常或用户行为等,具体情况如下。

- ☑ 用户相关的行为:如登录、退出登录、注册、找回密码、不正确的密码尝试等。通过日志记录和分析用户的行为,可以提高网站用户体验以及发现非法登录等。
- ☑ 补充数据库记录:如后台用户谁禁用了帖子、谁添加了新员工。这些在数据库中没有记录的,可以用日志补充记录。
- ☑ 错误:如程序出现异常、数据库操作异常、响应了错误状态码等,都可以通过日志记录下来,方便后期优化程序。

Flask 使用了 Python 中内置的 logging 模块。logging 模块有 4 个子模块,分别为 loggers、handlers、filters 和 formatters,下面分别进行讲解。

9.11.1 loggers 模块

loggers 模块是用来创建日志的,在 Flask 中通过 app.logger 可以获取当前的 logger 对象,然后使用 logger.info、logger.debug 等级别函数创建日志。在 Python 内置的 logging 模块中,日志分为 6 个级别,如表 9-5 所示。

表 9-5 日志级别

级 别 名 称	数 值	描 述
NOTSET	0	没有设置
DEBUG	10	调试级别
INFO	20	信息级别
WARNING/WARN	30	警告级别
ERROR	40	普通错误级别
CRITICAL/FATAL	50	致命错误级别

在记录日志时,只会记录比当前设置级别高的日志。如设置日志级别为 INFO,那么 logger.debug 将不会产生日志记录。Flask 中的默认级别为 DEBUG,如果要修改默认级别,可以通过 app.logger.setLevel 来修改。如修改为 INFO 级别,代码如下。

```
app.logger.setLevel(logging.INFO)
```

我们在 blueprints/front.py 的 index 视图函数中，添加一条测试日志，代码如下。

`current_app.logger.info("index 页面被请求了")`

在浏览器中访问首页后，在 PyCharm 的 Run 界面会显示如图 9-51 所示的日志。

```
[2021-08-26 16:22:57,656] INFO in front: index页面被请求了
127.0.0.1 - - [26/Aug/2021 16:22:57] "GET / HTTP/1.1" 200 -
```

图 9-51　PyCharm 的 Run 界面显示的日志

9.11.2　handlers 模块

handlers 模块用来指定日志被定向到何处。在 Flask 中默认是定向到控制台打印。如果要定向到文件，那么就用 FileHandler 或 RotatingFileHandler；如果要使用邮箱发送日志，那么就用 SMTPHandler。

> **注意**
> 关于 logging 模块支持的所有 handler，读者如果感兴趣可以参阅 Python 官方文档 https://docs.python.org/3/library/logging.handlers.html 中的 logging 模块。

如果要将日志定向到文件中，则可以给 app.logger 再添加一个 handler，代码如下。

```
file_handler = logging.FileHandler("pythonbbs.log",encoding="utf-8")
app.logger.addHandler(file_handler)
```

我们在请求项目的首页可以看到，除了控制台显示日志信息，还会在 pythonbbs 项目的根路径下产生一个 pythonbbs.log 的文件，里面也有日志信息。如果不想要打印 Flask 默认在控制台的日志信息，可以通过以下代码移除。

```
from flask.logging import default_handler
app.logger.removeHandler(default_handler)
```

FileHandler 会把所有日志打印在一个文件中，在网站运行中这个文件大小将不断变大。在商业项目中可以使用 RotatingFileHandler 或 TimeRotatingFileHandler，RotatingFileHandler 可以指定文件大小，当超过最大文件限制时将自动开启一个新的日志文件。TimeRotatingFileHandler 则是根据时间来判断是否要开启一个新的日志文件，下面分别进行讲解。

（1）RotatingFileHandler(filename,maxBytes=0,backupCount=0)：当 maxBytes≥0 时，如果文件大小超过 maxBytes，则会创建一个新的文件，新的文件以 filename 为基本名称，

并且在名称后面加上".1"".2"等。如 filename 的值是 app.log,那么产生的新文件为 app.log.1、app.log.2 等。backupCount 指定最多创建多少个文件,只有 backupCoun≥1 时,才会产生新的文件。RotatingFileHandler 写入日志的逻辑是这样的,先写入 filename 指定的文件中,如 app.log,如果 app.log 的大小接近 maxBytes,则将 app.log 重命名为 app.log.1,然后创建新的 app.log 用于写入日志。

(2) TimeRotatingFileHandler(filename,when,interval=1,backupCount=0): when 参数用于指定按什么时间单位创建新的日志文件,when 可以取以下值。

- ☑ S:按照秒为单位。
- ☑ M:按照分钟为单位。
- ☑ H:按照小时为单位。
- ☑ D:按照天为单位。
- ☑ midnight:按照半夜 12 点为单位。
- ☑ W{0-6}:按照星期为单位,W0 为星期一。

interval 表示等待多少个单位 when 的时间后创建新的日志文件。创建文件的规则与 RotatingFileHandler 类似,如果 backupCount 不为 0,则最多保留 backupCount 个文件,如果创建超过 backupCount 个的文件,则最旧的文件会被删除。

9.11.3 filters 模块

filters 模块是用来给 Logger 和 Handler 提供过滤器的,只有过滤器返回 True 的日志才会被记录,先执行 Logger 的过滤器,再执行 Handler 的过滤器。这里以给 Logger 添加过滤器为例,代码如下。

```
class stringFilter(logging.Filter):
  def filter(self, record):
    if record.msg.startswith("abc"):
      return False
    return True

app.logger.addFilter(stringFilter())
app.logger.info("abc-test")
app.logger.info("123-test")
```

上述代码中,因为在 app.logger 中添加了 stringFilter 过滤器,会过滤掉以 abc 开头的日志,因此只会记录 123-test,而不会记录 abc-test。其中 filter 方法中的 record 参数为 logging.LogRecord 对象。

9.11.4　formatters 模块

formatters 模块用来指定日志记录的格式。logging 模块内置了一些变量，我们在定义格式时可以直接使用。变量的说明如下。

- ☑ %(asctime)s：日志被创建的时间。
- ☑ %(filename)s：被创建的日志所在的文件。
- ☑ %(funcName)s：被创建的日志所在的函数。
- ☑ %(levelname)s：被创建的日志的级别。
- ☑ %(lineno)d：被创建的日志所在文件的代码行号。
- ☑ %(message)s：日志文本的内容。
- ☑ %(module)s：被创建的日志所在的模块。

我们可以使用以上变量，灵活地组合自己想要的日志格式。完整的使用示例代码如下。

```
import logging
from flask.logging import default_handler
from logging.handlers import RotatingFileHandler

# 移除 Flask 自带的 handler
app.logger.removeHandler(default_handler)

# 创建一个 RotatingFileHandler 对象
file_handler = RotatingFileHandler('pythonbbs.log', maxBytes=16384,
backupCount=20)

# 设置 handler 级别为 INFO
file_handler.setLevel(logging.INFO)

# 创建日志记录的格式
file_formatter = logging.Formatter('%(asctime)s %(levelname)s: %(message)s
[in %(filename)s: %(lineno)d]')

# 将日志格式对象添加到 handler 中
file_handler.setFormatter(file_formatter)

# 将 handler 添加到 app.logger 中
app.logger.addHandler(file_handler)
```

9.12 部 署

项目的所有功能都开发完成，并且经过测试没有 bug 后，就可以把项目部署到服务器上了，这里以虚拟机 Ubuntu 20.04 LTS Server 版的操作系统为例进行讲解。读者可以自行购买云服务器，如阿里云、腾讯云、华为云等进行部署，操作方式大同小异。

9.12.1 导出依赖包

在项目开发完成后，我们把项目使用的虚拟环境的依赖包导出，以方便在服务器上进行安装。在 PyCharm 的 Terminal 中输入以下命令完成依赖包的导出。

```
pip freeze > requirements.txt
```

执行完上述命令后，会在项目的根路径下生成一个 requirements.txt 文件，这个文件记录了当前项目所依赖的包，当项目上传到服务器后，通过以下命令即可一次性完成所有依赖包的安装。

```
pip install -r requirements.txt
```

9.12.2 使用 Git 上传代码

本地开发好的项目代码，可以通过多种方式上传到服务器，如 scp、Git 等。Git 更新代码更加方便，而且有版本管理功能，可以随时切换到之前的版本，本书选择 Git 来提交代码。首先在开发机上安装 Git，只要从 https://git-scm.com/downloads 根据自己的操作系统下载最新的 Git，然后安装即可。

Git 安装完成后，还需要用到 Git 服务器。可以自己搭建 Git 服务器，也可以使用第三方 Git 服务。如国内的有 Gitee（官网 www.gitee.com）、Coding（官网 www.coding.net），国外的有 Github（官网 www.github.com）、Gitlab（官网 www.gitlab.com）等。Github 是全球最大的代码托管网站，并且可以免费创建任意数量的私有项目，我们以 Github 为例来讲解。首先在 Github 上注册账号，然后在 Github 网站上创建一个名叫 pythonbbs 的仓库，为了使项目不被其他用户看到，选中 Private 单选按钮，如图 9-52 所示。

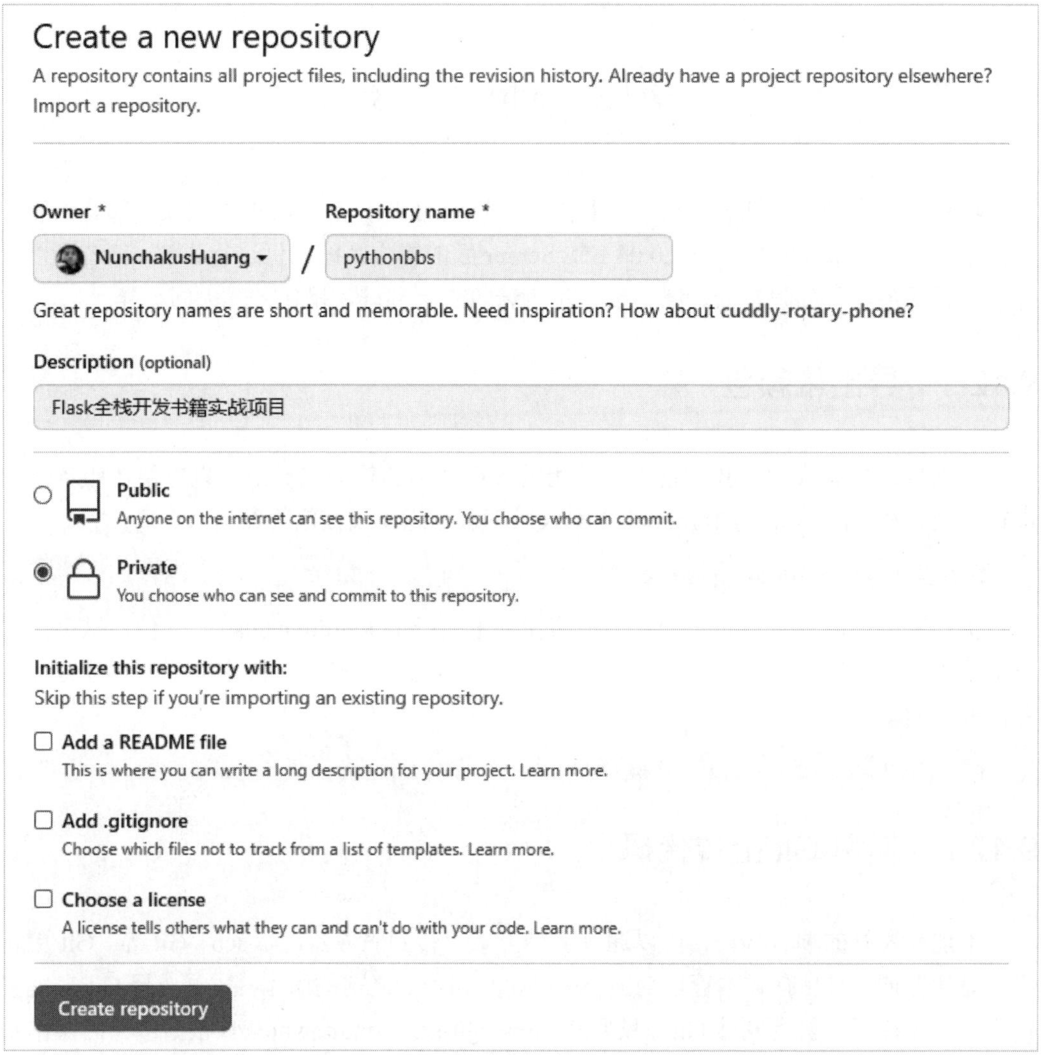

图9-52 在Github上创建仓库

在图9-52中单击Create repository按钮后,出现如图9-53所示界面。

在图9-53中,可以看到新创建的pythonbbs项目的仓库地址,后续需要将本地的仓库地址和远程的仓库地址映射起来。

接下来,在本地pythonbbs项目的根路径下右击,在弹出的快捷菜单中选择Git Bash Here命令,就会打开Git的操作终端,如图9-54所示。

第 9 章　项　目　实　战

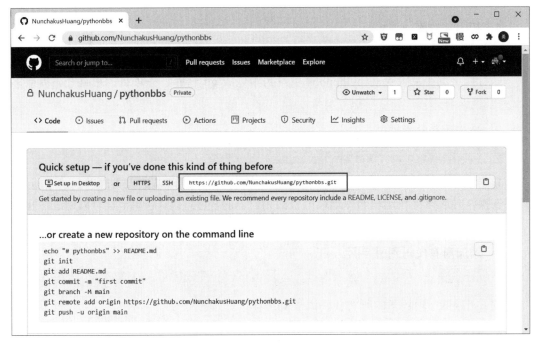

图 9-53　创建仓库后的界面

图 9-54　Git 操作终端

执行以下命令，将本地仓库的代码推送到 Github 服务器。

1. 初始化仓库

```
$ git init
```

执行以上命令后，会将 pythonbbs 项目初始化成 git 仓库，在项目的根路径下就会多出一个 .git 文件夹。

2. 添加远程仓库地址

```
$ git remote add [远程仓库地址]
```

以上命令的作用是在本地仓库添加远程仓库地址，后期可以把代码推送到这个地址。读者在操作时应该将"[远程仓库地址]"修改为自己的仓库地址。仓库地址可以通过图 9-53 中所示方式获取。

3. 添加所有代码到缓存区

```
$ git add .
```

将 pythonbbs 项目下的所有代码添加到缓存区。

4. 将代码提交到本地仓库

```
$ git commit -m "first commit"
```

将缓存区的代码添加到本地仓库中。

5. 将本地仓库代码推送到 Github 远程仓库

```
$ git push origin main
```

> **注意**
>
> git push origin main 中的 main 代表分支，main 分支一般用来表示项目最新的稳定版本。在 Git 中，main 分支原先使用的名称是 master，为了避免种族歧视问题，将 master 修改为 main。

完成以上 5 个步骤，即可实现将本地仓库的代码推送到 Github 服务器上，以后我们在自己的服务器上，通过 pull 命令即可完成代码下载。现在机器有 3 种角色，分别是本地的开发机器、Git 服务器以及运行网站的网站服务器，三者之间的角色关系和工作流程如图 9-55 所示。

我们在本地开发机器上开发的代码，经测试没有 bug 后推送到 Git 服务器上（现在用的是 Github），然后在网站服务器上拉取代码，即可完成网站服务器代码的更新。

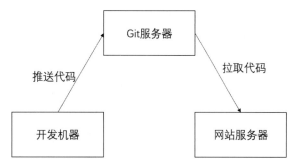

图 9-55　3 个机器的角色关系和工作流程

9.12.3　生产环境的配置

在 Git 中，分支是一个非常有用的功能。使用 Git 有一个基本的工作流程，就是尚未完成测试的代码，一般先放到 dev 或者 development 分支下。在测试没有 bug 后，再把代码合并到 main 分支下，并修改为生产环境下的配置信息，最后再把代码推送到网站服务器上，完成代码的更新。

按照 Git 的工作流程，在 main 分支下将 pythonbbs/config.py 中的 ProductionConfig 类根据实际情况修改配置信息，如数据库的域名和端口号等，并且设置 DEBUG=False。然后再在 pythonbbs/app.py 中加载配置类，将之前的 DevelopmentConfig 修改为 ProductionConfig，示例代码如下。

```
app.config.from_object(config.ProductionConfig)
```

完成以上操作后，在 Git 终端使用以下命令将代码推送到 Git 服务器。

```
$ git add .
$ git commit -m "production config"
$ git push origin main
```

9.12.4　安装常用软件

1. 安装 OpenSSH

OpenSSH 可实现远程控制，是一款能够在开发机上连接网站服务器的软件。OpenSSH 是安装在网站服务器上的，通过以下命令即可完成安装。

```
$ sudo apt install openssh-server openssh-client
```

如果你的开发机是 Windows 系统，那么可以使用 PuTTY（官网 https://www.putty.org）

或者 Xshell（官网 https://www.xshell.com/zh/xshell/）进行连接；如果是 Mac 系统，则可以直接在系统自带的终端软件下使用 ssh 命令进行连接。

2．安装 Vim

Vim 是在 Linux 系统上使用的一款非常好用的文本编辑软件，几乎是 Linux 系统必备的软件，通过以下命令即可完成安装。

```
$ sudo apt install vim
```

3．安装 MySQL

这里我们是为了演示项目，把 MySQL 安装在了网站服务器上。在公司中如果有条件，建议购买单独的 MySQL 服务器，或者搭建独立的 MySQL 服务器，最大限度地保证数据的安全。在网站服务器上安装 MySQL 的命令如下。

```
$ sudo apt install mysql-server mysql-client
$ sudo apt install libmysqld-dev
```

执行上述两条命令可以安装 MySQL 服务器和客户端。

4．安装 Redis

我们的 pythonbbs 项目使用 Redis，用来缓存邮箱验证码和 Celery 数据，通过以下命令可安装 Redis。

```
$ sudo apt install redis
```

5．安装 Python3

有的服务器包比较旧，可能没有 Python3，可以通过以下命令安装。

```
# 安装 Python3 软件
$ sudo apt install python3
# 安装 Python3 下的 pip 工具
$ sudo apt install python3-pip
# 安装 Python3 依赖的头文件等的开发包
$ sudo apt install python3-dev
```

6．安装 Git

网站服务器需要通过 Git 工具从 Git 服务器上拉取代码，通过以下命令可以安装 Git。

```
$ sudo apt install git
```

9.12.5 配置网站

在 9.12.4 节中的软件都安装完成后,我们就可以配置网站了,步骤如下。

1. 创建新用户

默认的 root 账号权限过大,不建议使用 root 用户部署网站。接下来使用以下命令创建一个新的用户。

```
$ adduser zhiliao
$ usermod aG sudo zhiliao
$ su zhiliao
```

上述命令首先创建了一个名叫 zhiliao 的用户,并且赋予了 root 权限,然后切换到了 zhiliao 用户。

2. 使用 Git 拉取代码

现在代码还是在 Git 服务器上,我们在/home/zhiliao 下通过以下命令拉取代码到网站服务器。

```
$ cd /home/zhiliao
$ mkdir pythonbbs
$ git remote add origin https://github.com/NunchakusHuang/pythonbbs.git
$ git pull origin main
```

在执行 pull 命令时,会提示输入 Github 网站的用户名和密码,输入之后,就可以将 pythonbbs 项目的代码拉取到网站服务器上了。

3. 安装 Python 依赖包

我们从开发机上导出了 Python 依赖包到 requirements.txt 中。在网站服务器上,可以通过以下命令完成依赖包的安装。

```
$ pip install -r requirements.txt
```

4. 创建数据库

登录 MySQL 后,使用以下命令创建名叫 pythonbbs 的数据库。

```
> create database pythonbbs charset utf8mb4;
```

5. 同步 ORM 模型到数据库中

我们在开发机上使用 migrate 生成的迁移脚本,可以直接在网站服务器上进行映射。

通过以下命令即可完成。

```
$ flask db upgrade
```

以上命令会执行 pythonbbs/migrations/versions 下的所有迁移脚本，将 ORM 模型同步到数据库中生成表。

6．创建初始数据

网站运营前应该把初始数据创建好，包括角色、权限、板块以及初始的管理员用户，相关命令格式如下。

- ☑ 创建角色。

```
flask create-role
```

- ☑ 创建权限。

```
flask create-permission
```

- ☑ 创建板块。

```
flask create-board
```

- ☑ 创建管理员。

```
flask create-admin --username 张三 --email xx@qq.com --password 111111
```

7．运行 Celery

pythonbbs 项目的运行依赖于 Celery，而 Celery 又依赖于 Redis，因此在运行 Celery 之前，先运行 Redis。命令如下。

```
$ sudo service redis start
```

9.12.6 使用 Gunicorn 部署网站

在学习使用 Gunicorn（是 Green Unicorn 的简称）部署网站之前，先来厘清 Web 服务器、应用服务器和 Web 应用框架 3 个概念。

- ☑ Web 服务器：负责处理 HTTP 请求，并响应静态文件。常见的有 Apache、Nginx 以及微软的 IIS 等。
- ☑ 应用服务器：负责处理逻辑的服务器。如 Java、Python 的代码是不能直接通过 Nginx 这种 Web 服务器来处理的，只能通过应用服务器来处理，常见的应用服务器有 uWSGI、Gunicorn 以及 Tomcat 等。

☑ Web 应用框架：使用某种编程语言、封装了常用的 Web 功能的框架就是 Web 应用框架。Flask、Django 以及 Java 中的 SSH（Structs+Spring+Hibernate）等都是 Web 应用框架。

WSGI（Web server gateway interface，Web 服务网关接口）是 Python 中定义的 Web 服务器和 Web 应用框架之间的一种简单而通用的接口。我们在开发阶段使用 werkzeug 作为 WSGI 应用服务器，但是 werkzeug 仅用于开发，不能用于生产环境。在生产环境中应该选择性能强悍、稳定性高的 WSGI 应用服务器，如 uWSGI 和 Gunicorn。因为 Gunicorn 性能强、配置简单，所以选择用 Gunicorn 作为 pythonbbs 项目的应用服务器。

首先通过以下命令安装 Gunicorn。

```
$ sudo pip install gunicorn
```

接下来在项目的根路径下，创建 gunicorn.conf.py 文件，作为 gunicorn 的运行配置文件，代码如下。

```
$ import multiprocessing

bind = "127.0.0.1:8000"
workers = multiprocessing.cpu_count()*2 + 1
accesslog = "/var/log/pythonbbs/access.log"
daemon = True
```

上述代码中每个配置项的意义如下。
☑ bind：监听的 IP 地址和端口号，语法为 IP:PORT。如果想让其他机器能够访问，则设置成 0.0.0.0 或者留空，然后再让 Gunicorn 监听 8000 端口即可。后面会用 Nginx 做 Web 服务器，Nginx 和 Gunicorn 之间要通过 8000 端口进行通信，所以 IP 设置为 127.0.0.1。
☑ workers：workers 的数量。Gunicorn 官方推荐的配置是 CPU 数量×2+1。
☑ accesslog：连接 Gunicorn 的日志文件。
☑ daemon：是否作为守护进程执行，设置为 True。

最后在 pythonbbs 项目的根路径下，执行以下命令启动 pythonbbs 项目。

```
$ gunicorn app:app
```

上述命令会自动在当前路径下寻找 gunicorn.config.py 文件，然后执行 app.py 模块下的 app 对象。至此，Gunicorn 就完成了对 pythonbbs 项目的部署。

读者将 bind 的 IP 地址修改为 0.0.0.0，执行 gunicorn reload 命令重新加载配置文件，然后就可以通过 http://[机器的 IP 地址]:8000 访问该网站了。

9.12.7　使用 Nginx 部署网站

虽然 Gunicorn 可以让网站正常运行，但这不是最佳选择。下面使用 Gunicorn 推荐的 Nginx 来作为 Web 服务器。Nginx、Gunicorn 和 pythonbbs 三者之间的关系如图 9-56 所示。

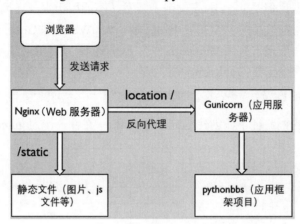

图 9-56　Nginx、Gunicorn、pythonbbs 三者关系图

通过图 9-56 可以发现，在浏览器向服务器发送请求后，先是由 Nginx 来处理，在遇到以/static 开头的静态文件 URL 后，则直接返回静态文件；在遇到非静态路由后，则通过反向代理给 Gunicorn 服务器，Gunicorn 再传递给 pythonbbs 项目进行逻辑处理。使用 Nginx 作为 Web 服务器有以下好处。

- ☑ Gunicorn 对静态文件处理效率并不好，包括响应速度和缓存等，Nginx 则不然。
- ☑ Nginx 作为专业的 Web 服务器，可以对外界隐藏应用服务器，更加安全。
- ☑ Nginx 运维起来更加方便。如设置负载均衡、配置 IP 黑名单等都非常方便，如果用 Gunicorn 实现会很麻烦。

要使用 Nginx，首先需要通过以下命令安装 Nginx。

```
$ sudo apt install nginx
```

Nginx 的常用命令如下。
- ☑ 启动。

```
sudo service nginx start
```

- ☑ 关闭。

```
sudo service nginx stop
```

☑ 重启。

```
sudo service nginx restart
```

☑ 测试配置文件。

```
sudo service nginx configtest
```

启动 Nginx 后，在浏览器中访问 http://[服务器 IP]，即可看到如图 9-57 所示的界面。

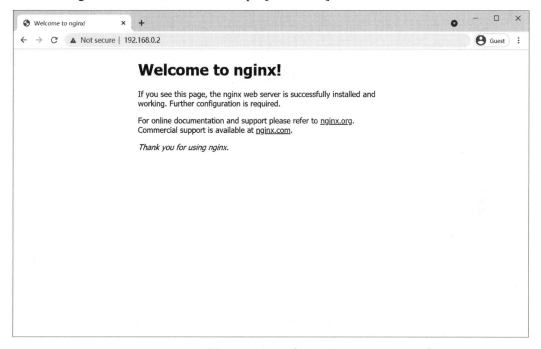

图 9-57 Nginx 默认界面

图 9-57 是 Nginx 的默认界面，看到此界面说明 Nignx 已经运行成功。接下来再添加 Nginx 配置文件，在/etc/nginx/conf.d 目录下创建 pythonbbs.conf 文件，然后添加以下代码。

```
# 负载均衡
upstream pythonbbs{
  server 127.0.0.1:8000;
}

# 配置服务器
server {
    # 监听的端口号
    listen      80;
```

```
# 域名
server_name 192.168.0.2;
charset     utf-8;

access_log  /var/log/nginx/pythonbbs_access.log;
error_log   /var/log/nginx/pythonbbs_error.log;

# 最大的文件上传尺寸
client_max_body_size 75M;

# 静态文件访问的 URL
location /static {
    # 静态文件地址
    alias /home/zhiliao/pythonbbs/static;
    # 静态文件过期时间
    expires 60d;
}

location /media {
    # 文件上传地址
    alias /home/zhiliao/pythonbbs/media;
    expires 100d;
}
# 最后，发送所有非静态文件请求到 Gunicorn
location / {
    proxy_pass http://pythonbbs;
    # uwsgi_params 文件地址
    include     /etc/nginx/uwsgi_params;
    proxy_set_header  Host                $host;
    proxy_set_header  X-Forwarded-For     $proxy_add_x_forwarded_for;
    proxy_set_header  X-Real-IP           $remote_addr;
    proxy_set_header  X-Forwarded-Proto   $scheme;
}
}
```

上述配置代码中，upstream 是用来设置负载均衡的，里面可以设置多个 server，Nginx 会根据策略选择不同的后端服务器来实现负载均衡。下面的 server 部分用来配置 Nginx 服务器，这里监听 80 端口，并且指定服务器名称为 192.168.0.2，以后通过这个服务器名称即可访问到 Nginx 服务器。读者在这里可以修改为自己真实服务器的 IP 地址，或者如果有域名，并且做好了域名和服务器的映射，则可以修改为域名。access_log 和 error_log 是配置客户端连接 Nginx 服务器的日志。location/static 用于指定以/static 开头的静态文件的处理逻辑，使用 alias 指定静态文件寻找的路径，并且过期时间为 60 天。另外，我们还设置了/media，用来获取用户上传后的图片。最后是非静态文件和非 media 文件，通过反向代理传给 Gunicorn 服务器，下面设置的 proxy_set_header 是为了能准确获取客户端的信息。

现在通过 80 端口和 8000 端口都可以访问到网站，原因是 Nginx 监听 80 端口，Gunicorn 监听 8000 端口。我们的预想是客户端仅通过 80 端口访问，8000 端口用于 Nginx 和 Gunicorn 通信。可以通过防火墙关闭 8000 端口来实现这个需求，执行命令如下。

```
$ sudo ufw enable
$ sudo ufw allow 80
$ sudo ufw deny 8000
$ sudo ufw allow 22
```

上述命令的作用分别是开启防火墙、打开 80 端口、关闭 8000 端口，打开 22 端口并且为了能在开发机上通过远程连接服务器，我们开启了 22 端口，也就是 SSH 服务。

9.12.8 压力测试

项目部署完成后，我们来进行压力测试，看看 Nginx+Gunicorn 部署的网站效率如何。这里要使用的是 apache2-utils 中的 ab 命令，首先通过以下命令安装 apache2-utils。

```
$ sudo apt install apache2-utils
```

接着执行以下命令。

```
$ ab -n 50000 -c 1000 http://127.0.0.1/
```

ab 是压力测试命令，其中参数意义如下。
- ☑ -n：总共发起请求的数量，这里总共发起 50000 个请求。
- ☑ -c：并发的数量，这里设置并发数为 1000 个请求。
- ☑ http://127.0.0.1/：压力测试的 URL。

执行完上述命令后，可以看到如下输出。

```
This is ApacheBench, Version 2.3 <$Revision: 1843412 $>
Copyright 1996 Adam Twiss, Zeus Technology Ltd, http://www.zeustech.net/
Licensed to The Apache Software Foundation, http://www.apache.org/

Benchmarking 127.0.0.1 (be patient)
Completed 5000 requests                 # 请求完成的数量
Completed 10000 requests
Completed 15000 requests
```

```
Completed 20000 requests
Completed 25000 requests
Completed 30000 requests
Completed 35000 requests
Completed 40000 requests
Completed 45000 requests
Completed 50000 requests
Finished 50000 requests


Server Software:        nginx/1.18.0       # 服务器软件名称
Server Hostname:        127.0.0.1          # 服务器主机名
Server Port:            80                 # 服务器端口号

Document Path:          /                  # 请求的 URL PATH
Document Length:        612 bytes          # HTTP 响应数据的正文长度

Concurrency Level:      1000               # 并发量
Time taken for tests:   3.762 seconds      # 总共耗费的时间
Complete requests:      50000              # 完成的请求数
Failed requests:        512                # 失败的数量
    (Connect: 0, Receive: 0, Length: 256, Exceptions: 256)
Total transferred:      42481376 bytes     # 所有请求响应数据的长度
HTML transferred:       30443328 bytes
Requests per second:    13291.68 [#/sec] (mean)
Time per request:       75.235 [ms] (mean)
Time per request:       0.075 [ms] (mean, across all concurrent requests)
Transfer rate:          11028.30 [Kbytes/sec] received

Connection Times (ms)
              Min   mean  [+/-sd]  median   max
Connect:        0     36   103.1      29    1061
Processing:    11     37    10.6      38      71
Waiting:        0     29     9.6      29      63
Total:         32     74   104.3      70    1107

Percentage of the requests served within a certain time (ms)
  50%     70
  66%     73
  75%     75
  80%     76
  90%     79
  95%     83
  98%     87
```

```
 99%    1054
100%    1107 (longest request)
```

以上每项指标代表的意义如下。

- ☑ Completed xxx requests：请求完成的数量。
- ☑ Server Software：服务器软件名称。
- ☑ Server Hostname：服务器主机名。
- ☑ Server Port：服务器端口号。
- ☑ Document Path：请求的 URL PATH。
- ☑ Document Length：HTTP 响应数据的正文长度。
- ☑ Concurrency Level：并发量。
- ☑ Time taken for tests：总共耗费的时间。
- ☑ Complete requests：完成的请求数。
- ☑ Failed requests：失败的请求数。
- ☑ Total transferred：所有请求响应数据的长度。
- ☑ HTML transferred：所有请求响应数据中 HTML 内容的长度。
- ☑ Requests per second：每秒完成的请求数，也叫 RPS（吞吐率）。
- ☑ Time per request(mean)：一个请求用户平均等待的时间。
- ☑ Time per request(mean,across all concurrent requests)：服务器完成一个请求平均的时间。
- ☑ Transfer rate：网络传输速率。
- ☑ Connection Times (ms)：从请求到响应的整个过程消耗的时间。从请求到响应包含 Connect（网络连接）、Processing（程序处理）、Waiting（等待）3 个过程。其中 min 表示最小值、mean 表示平均值、[+/-sd]表示标准差（反应数据的离散程度，数值越大则数据越离散，也就是某个过程越不稳定）、median 表示中位数、max 表示最大值。
- ☑ Percentage of the requests served within a certain time (ms)：在 50000 个请求中的不同完成率阶段进行采样，请求所消耗的时间。如 50%，也就是在第 25000 个请求时，花费了 70ms 的时间。在第 50000 个请求消耗了 1107ms 的时间。

以上压力测试的硬件环境配置为 2GB 内存+单核 CPU 3600Hz+机械硬盘。其中 QPS（queries per second，每秒查询率）达到了 13000 以上，说明网站运行的效率还是不错的。

第 10 章 WebSocket 实战

在实际开发中，经常会有许多场景需要让服务器主动发送消息给客户端，如视频弹幕、在线客服、协同编辑等。如果用传统的 HTTP 协议来实现，则需要每隔一段时间主动请求服务器才能获取到最新数据，使用这种方式的好处是开发简单、不会长时间占用服务器资源，缺点是效率低下、数据获取不及时。为了解决在 Web 开发中客户端和服务端双向即时通信的问题，IETF（Internet Engineering Task Force，互联网工程任务组）标准化了 WebSocket 协议，使用 WebSocket 协议相关的 API，在客户端和服务端之间只需要完成一次握手，即可进行双向即时通信，使得视频弹幕、在线客服等类似场景变得易于实现。

在 Flask 中使用 WebSocket 有多种解决方案，最常用的两个框架为 Flask-Sockets 和 Flask-SocketIO。其中 Flask-Sockets 仅对 WebSocket 协议进行包装，因此只适合支持 WebSocket 协议的浏览器。Flask-SocketIO 则是基于 JavaScript SocketIO 开源库的消息协议的 Flask 实现，而 SocketIO 库对那些不支持 WebSocket 协议的浏览器也能实现同样的效果，因此使用 Flask-SocketIO 对客户端来说兼容性更好。

本章以实现一个在线即时聊天网站为例，让读者熟练掌握 Flask-SocketIO 的使用。在学完本章内容后，读者可以发散思维，将本章的知识点应用到其他业务场景，如在线客服、消息推送等。我们先来了解本项目要实现的功能，如表 10-1 所示。

表 10-1 在线即时聊天网站功能表

功　能	相关技术点
登录	（1）session 的使用 （2）权限验证
聊天页面	（1）WebSocket 连接 （2）广播所有在线用户
单聊	（1）获取对方信息 （2）客户端发送单聊信息 （3）服务端发送单聊信息

续表

功　能	相关技术点
群聊	（1）获取群聊信息 （2）加入群聊 （3）客户端发送群聊信息 （4）服务端发送群聊信息

10.1　安装相应的包

在服务端，项目使用的是 Flask-SocketIO 库，输入以下命令即可完成安装。

```
$ pip install flask-socketio
```

在客户端，项目需要使用 socketio 库，在 HTML 文件中使用以下代码加载 socket.io.min.js 文件即可。

```
<script src="https://cdn.bootcdn.net/ajax/libs/socket.io/4.1.3/socket.io.min.js"></script>
```

10.2　创建 SocketIO 对象

首先使用 PyCharm Professional 版创建一个 Flask 项目，命名为 im_demo，然后在 app.py 文件中添加以下代码。

```python
from flask import Flask, render_template, request, redirect, session
from flask_socketio import SocketIO

app = Flask(__name__)
app.config['SECRET_KEY'] = "fasdfsdfasdkj"
socketio = SocketIO(app)


@app.route('/')
def hello_world():
    return "Hello World!"
```

```python
if __name__ == '__main__':
    socketio.run()
```

上述代码中，除了使用 PyCharm Professional 版自动生成的 Flask 项目源代码，我们还从 flask_socketio 中导入了 SocketIO 类，并且把 app 作为参数，创建了一个 SocketIO 类的对象 socketio。最后在运行时，将 app.py 的运行方式从之前的 app.run 改成了 socketio.run。socketio.run 会自动根据以下环境选择底层运行服务器。

（1）如果开启了 Debug 模式，将使用 werkzeug 开发服务器。

（2）在生产环境中，如果安装了 eventlet，会优先使用 eventlet 作为服务器。

（3）判断是否安装了 gevent，如果安装了，会使用 gevent 作为服务器。gevent 默认不带有 WebSocket 功能，如果使用 gevent，则还需要安装 gevent-websocket。

（4）如果 eventlet 和 gevent 都没有安装，则会使用 werkzeug 开发服务器运行项目。

10.3 实现登录

虽然 app.py 运行方式从之前的 app.run 改成了 socketio.run，但是不影响 Flask 传统的开发模式，如渲染模板、处理 cookie 和 session 等。socketio.run 在保留了 Flask 传统功能以外，还增加了 WebSocket 支持。因此，登录功能我们依然可以使用 HTTP 协议的方式。在 app.py 文件中添加以下代码。

```python
class ResultCode:
    OK = 200
    ERROR_PARAMS = 400
    ERROR_SERVER = 500


def result(code=ResultCode.OK, data=None, message=""):
    return {"code": code, "data": data or {}, "message": message}


@app.route("/login", methods=['GET','POST'])
def login():
    if request.method == 'GET':
        return render_template("login.html")
    else:
        username = request.form.get('username')
        if not username:
            return result(ResultCode.ERROR_PARAMS, message="请输入用户名")
        elif UserManager.has_user(username):
            return result(ResultCode.ERROR_PARAMS, message="此用户名已存在")
```

```
        session['username'] = username
        return result()
```

上述代码中，我们实现了登录 URL 与视图。如果用 GET 请求，则返回登录模板；如果用 POST 请求，则执行登录操作。这里我们简化了登录过程，用户只要输入用户名即可。如果条件都符合，则把用户名存储在 session 中。为了让代码更加规范，我们添加了返回状态码的 ResultCode 类，以及返回 JSON 格式的 result 函数。并且我们用了 UserManager 类来管理当前登录的用户，UserManager 类的代码如下。

```python
class UserManager:
    # 单例实例对象
    __instance = None
    # 所有用户，里面存储的是字典类型，字典中分别为 sid 和 username
    # 如{"sid": "assdfsgsd", "username":"张三"}
    _users = []

    # 设置单例设计模式
    def __new__(cls, *args, **kwargs):
        if not cls.__instance:
            cls.__instance = super(UserManager, cls).__new__(cls)
        return cls.__instance

    # 添加用户
    @classmethod
    def add_user(cls, username, sid):
        for user in cls._users:
            if user['sid'] == sid or user['username'] == username:
                return False
        cls._users.append({"sid": sid, "username": username})

    # 移除用户
    @classmethod
    def remove_user(cls, username):
        for user in cls._users:
            if user['username'] == username:
                cls._users.remove(user)
                return True
        return False

    # 根据 key 获取用户，key 可以为 sid 或 username
    @classmethod
    def get_user(cls, key):
        for user in cls._users:
```

```
            if user['sid'] == key or user['username'] == key:
                return user
        return None

    # 根据key判断是否有某个用户, key可以为sid或username
    @classmethod
    def has_user(cls, key):
        if cls.get_user(key):
            return True
        else:
            return False

    # 获取当前用户
    @classmethod
    def get_current_user(cls):
        username = session.get("username")
        for user in cls._users:
            if user['username'] == username:
                return user
        return None

    # 获取所有用户的用户名
    @classmethod
    def all_username(cls):
        return [user['username'] for user in cls._users]
```

上述代码中，定义了两个类属性，分别为__instance和_users，其中__instance是用于保存单例对象的，_users用来保存所有用户信息。通过重写__new__方法使得UserManager仅能被创建一次，也就是单例对象。接着定义了一系列的类方法，分别为添加用户（add_user）、移除用户（remove_user）、获取用户（get_user）、判断用户是否存在（has_user）、获取当前用户（get_current_user）以及获取所有用户的用户名（all_username）。这些类方法可使后续处理即时消息变得更加简单。

此时在浏览器中访问http://127.0.0.1:5000/login，可以看到如图10-1所示的效果。

在后续的请求中，为了保证用户必须在登录后才能进行访问，我们实现一个 login_required 装饰器，代码如下。

```
def login_required(func):
    @wraps(func)
    def wrapper(*args, **kwargs):
        if not session.get("username"):
            return redirect("/login")
        else:
```

```
        return func(*args, **kwargs)
    return wrapper
```

图 10-1　在线即时聊天项目登录界面

上述装饰器代码中,我们判断 session 中是否包含 username,如果没有,则重定向到登录页面,否则就正常执行被装饰的函数。

10.4　连接和取消连接

在进入首页后,我们要做的第一件事就是连接上 WebSocket。Flask-SocketIO 是通过事件的形式进行通信的,Flask-SocketIO 默认内置了许多事件,其中最常用的就是 connect 和 disconnect。我们先在服务端实现 connect 事件,代码如下。

```
from flask_socketio import SocketIO, emit
@socketio.on('connect')
@login_required
def connect():
    print("连接成功")
```

```
    UserManager.add_user(session.get("username"), request.sid)
    emit("users", {"users": UserManager.all_username()}, broadcast=True)
```

上述代码中,我们通过@socketio.on 来设置事件发生后的执行函数,这里定义的是 connect 事件。客户端在连接 connect 事件后,先把当前用户存储在 UserManager 中,在存储用户信息时,把用户名以及当前用户的 Session ID 也就是 request.sid 都存放进去,然后再通过 emit 函数发送一个 users 事件,有新用户登录后,我们要通知所有已连接用户,所以设置 broadcast=True,也就是采用广播的方式进行发送。接下来,在客户端中使用 JavaScript SocketIO 库发送 connect 事件,代码如下。

```
const socket = io();
socket.on("connect", function(){
    console.log("连接成功");
});
```

在浏览器中访问 http://127.0.0.1:5000/后,如果控制台打印了"连接成功",则说明客户端和服务端已经完成握手,实现了长连接,后续可以通过其他事件来实现客户端和服务端的双向通信。

在浏览器被关闭后,应该主动断开连接。服务端在收到断开连接事件后,应把当前用户从 UserManager 中移除,并广播给其他用户,代码如下。

```
@socketio.on("disconnect")
@login_required
def disconnect():
    UserManager.remove_user(session.get('username'))
    emit("users", {"users": UserManager.all_username()}, broadcast=True)
```

接下来,在浏览器端监听页面的关闭事件,在关闭之前先发送 disconnect 事件,代码如下。

```
$(window).bind("beforeunload", function (){
  socket.on("disconnect");
});
```

上述代码中,我们使用了 jQuery 的事件绑定方式,对 beforeunload 事件进行了绑定,在发生此事件后,主动向服务器发送 disconnect 事件。

10.5 获取在线用户

在客户端,我们要先获取当前有哪些用户在线,才方便选择相应用户进行单聊。在每个客户端成功连接后,服务端都会广播 users 事件,并且把当前登录的所有用户名都发送过去。因此在客户端想要获取在线用户，只需监听 users 事件即可，代码如下。

```
socket.on("users", function (result){
    let users = result.users;
    for(let index=0; index<users.length; index++){
        let username = users[index];
        console.log(username);
    }
});
```

users 事件虽然不是 socketio 内置的，但是没有关系，服务端通过 emit 发送的任何事件，客户端都可以通过 socket.on 进行监听，无论事件是不是内置的。

10.6 实现单聊

socketio 中并没有提供单聊的事件，因此需要自定义，这里定义 personal 事件。首先在服务端实现如下代码。

```
@socketio.on("personal")
def send_personal(data):
    to_username = data.get('to_user')
    message = data.get('message')
    if not to_username or not UserManager.has_user(to_username):
        return result(ResultCode.ERROR_PARAMS, message="请输入正确的目标用户")
    to_user = UserManager.get_user(to_username)
    emit("personal", {"message": message, "from_user": session.get("username")}, room=[to_user.get("sid")])
```

上述代码中，通过@socketio.on("personal")自定义了 personal 事件及 send_personal 处理函数，并且为了能接收客户端传过来的参数，我们还定义了一个 data 参数。在 send_personal 处理函数中，先是获取此消息要发送的目标用户以及消息内容，在条件都满足后，通过 emit 函数发送 personal 事件到 room 参数指定的客户端，并且携带了消息内容以及消息发送者。客户端则通过监听和发送 personal 事件来实现与服务端的交互，客户端监听 personal 事件的代码如下。

```
// 监听 personal 事件
socket.on("personal", function (data){
    let message = data.message;
    let from_user = data.from_user;
```

```
    console.log("message:"+message+",from_user:"+from_user);
});
```

客户端主动向服务端发送 personal 事件的代码如下。

```
// 客户端向服务端发送 personal 事件
socket.emit("personal", {"to_user": to_user, "message": message},
function (){
    console.log("消息发送成功");
});
```

上述监听和发送 personal 事件代码中，我们实现了回调函数，在 personal 消息被成功接收和发送后，都会执行对应的回调函数。在回调函数中，我们也可以执行一些其他操作，如添加消息体到对话框中。

10.7 实现群聊

在 Flask-SocketIO 中对群聊功能做了非常好的封装，如加入群聊有 join_room 函数、离开群聊有 leave_room 函数。服务端加入群聊和离开群聊的代码如下。

```
# 加入群聊
@socketio.on("join")
@login_required
def join(data):
    room = data.get("room")
    join_room(room)
    username = session.get("username")
    send(username+"加入群聊", to=room)

# 离开群聊
@socketio.on("leave")
@login_required
def leave(data):
    room = data.get("room")
    leave_room(room)
    username = session.get("username")
    send(username+"离开群聊", to=room)
```

客户端在某些情况下（如单击加入群聊），通过使用 emit 函数发送 join 事件，即可加入房间，代码如下。

```
socket.emit("join", {"room": "Flask交流群"});
```

通过以上代码就加入"Flask 交流群"房间了。也可以在某些情况下发送 leave 事件，即可离开房间，代码如下。

```
socket.emit("leave", {"room": "Flask 交流群"});
```

房间名称如果之前不存在，无须执行创建操作，Flask-SocketIO 会自动创建并让此用户加入房间。加入房间后，就可以在房间里聊天了。我们先在服务端实现群聊功能，代码如下。

```
@socketio.on("room_chat")
@login_required
def room_chat(data):
    room = data.get("room")
    message = data.get("message")
    from_user = UserManager.get_current_user().get("username")
    send({"message": message, "from_user": from_user, "room":room}, to=room)
```

上述代码中，先从 data 中获取房间名称和消息内容，然后使用 flask_socketio.send 函数将消息内容和消息发送者发送到 to 参数指定的房间中。这样所有加入了此房间的用户都可以收到此消息，客户端监听房间消息的代码如下。

```
socket.on("room_chat", function (result){
  let from_user = result.from_user;
  let message = result.message;
  let room = result.room;
  console.log("房间号："+room+"收到来自"+from_user+"的消息："+message);
});
```

在其他客户端发送了 room_chat 事件后，就能通过回调函数获取到消息的相关信息了。当然，客户端在某些情况下想要发送房间消息，直接调用 emit 函数即可，代码如下。

```
socket.emit("room_chat", {"room": "Flask 交流群", "message": "大家好"});
```

10.8　部　署　项　目

我们依然可以使用 gunicorn 来部署 Flask-SocketIO 项目，另外还需要使用 eventlet 或者 gevent 来运行 Flask-SocketIO 项目。因为 eventlet 的效率比 gevent 高，并且 eventlet 也是官方推荐的方式，安装 eventlet 的命令如下。

```
pip install eventlet
```

下面创建一个 gunicorn.conf.py 文件来配置 gunicorn 的运行参数，这里简化一下，直接使用以下命令部署项目。

```
gunicorn --worker-class eventlet app:app
```

上述命令中，使用--worker-class 来指定工作进程由 eventlet 来运行即可。

与第 9 章中论坛项目一样，我们选择 Nginx 来作为项目的 Web 服务器。Nginx 的配置与论坛项目一样，不同的是，Nginx 需要增加 JavaScript SocketIO 默认的/socket.io 转发。Ngnix 的配置如下。

```
server {
    listen 80;
    server_name _;

    location / {
        include proxy_params;
        proxy_pass http://127.0.0.1:5000;
    }

    location /static {
        alias <path-to-your-application>/static;
        expires 30d;
    }

    location /socket.io {
        include proxy_params;
        proxy_http_version 1.1;
        proxy_buffering off;
        proxy_set_header Upgrade $http_upgrade;
        proxy_set_header Connection "Upgrade";
        proxy_pass http://127.0.0.1:5000/socket.io;
    }
}
```

上述配置中，除了 location/和 location/static 外，还增加了 location/socket.io，这个 URL 是使用 SocketIO 创建对象时默认使用的 URL。当然也可以修改为自定义的 URL，如以下配置。

```
const socket = io({path: "/my-socketio-path"})
```

在监听到 location/socket.io 后，会把请求代理给 Flask-SocketIO 项目的 location/socket.io 路径，这样即可完成 Nginx 配置。

注意，JavaScript SocketIO 的官方文档地址为 https://socketio.bootcss.com/docs/。Flask-SocketIO 的官方文档地址为 https://flask-socketio.readthedocs.io/en/latest/intro.html。

第 11 章
Flask 异步编程

自从 Python 3.6 官方将异步编程标准库 asyncio 转正后,异步编程开始大放异彩。aio-libs 组织(https://github.com/aio-libs)发布了一系列的异步编程库,如网络请求的 aiohttp 库(https://docs.aiohttp.org/)、连接 Redis 的 aioredis-py 库等。Flask 在 2.0 版本宣布支持异步编程,同时配套的 SQLAlchemy 在 1.4 版本也增加了异步 API,Jinja2 在 2.9 版本开始支持异步模式,其他框架如 Django 在 3.0 版本也加入了异步支持。随着技术不断地更新,相信异步编程在未来会有更大的发展。

11.1 asyncio 标准库

Flask 异步编程是基于 Python 内置的 asyncio 模块的,因此我们只有学懂了 asyncio 的相关概念和基本用法后,才能更好地理解 Flask 中的异步编程。

下面围绕事件循环、协程、Task 对象、Future 对象等概念讲解 asyncio 的工作机制。

> **注意**
> Python 3.8 版本的 asyncio 库在 Windows 系统上有一个 bug,如果在运行时出现 ValueError: set_wakeup_fd only works in main thread 错误,升级到 Python 3.9 版本即可解决。

1. 事件循环

在非阻塞代码执行过程中,为了在事件发生时能准确地执行回调,需要不断轮询是否有事件发生。这个轮询等待事件的过程,被称为事件循环。在 asyncio 库中,一般情况下不需要自己手动创建事件循环,通过 asyncio.run 运行协程便会自动创建事件循环。

2. 协程

从 Python 3.5 版本添加 async 和 await 关键字以来,只要以 async def 开头定义的函数,都叫作协程。协程在执行中可以被挂起和恢复,因此可以用于构建异步程序。驱动协程执行必须使用 await 关键字,如以下代码。

```
import asyncio

async def nested():
    asyncio.sleep(1)
    return 42

async def main():
    # 仅创建了一个协程对象,但是并没有执行
    nested()


    # 使用 await 关键字,驱动并等待协程对象执行
    result = await nested()
    print(result)

# 创建一个事件循环并执行 main 协程
asyncio.run(main())
```

在上述代码中,nested()函数仅是创建一个协程,await nested()函数才是驱动并等待协程的执行。最外层的 main 协程不能直接执行,需要通过 asyncio.run 方法执行,该方法会创建一个事件循环并执行协程。

3. Task(任务)对象

Task 是用来调度协程挂起和恢复的。协程本身只能通过同步的方式执行,如果要并行执行多个协程,则必须将协程封装为 Task 对象。在 asyncio 库中,可以通过 asyncio.gather 方法将多个协程并行执行,asyncio.gather 方法内部会自动将协程封装为 Task,无须手动封装。并行执行任务的示例代码如下。

```
async def my_worker(index):
  await asyncio.sleep(1)
  print("worker %d"%index)

async def main():
  tasks = []
  for x in range(1,6):
    tasks.append(my_worker(x))

  await asyncio.gather(*tasks)
```

上述代码中，在 main 协程中创建了 5 个 my_worker 协程对象并添加到列表中，然后统一传给 asyncio.gather 方法并行执行。上述 main 协程只需 1s 即可完成 5 个 my_worker 协程的执行。

4．Future 对象

Future 对象有如下两个作用。

（1）用来保存协程执行后的结果。

（2）用来和 Task 对象配合，调度执行协程。

Future 在 asyncio 库中相对来讲是比较低层级的对象，通常没有必要在应用层级代码中创建 Future 对象。

11.2 aiohttp 库

aio-libs 组织发布了一系列的异步库，其中就包含异步网络库 aiohttp，aiohttp 库有以下特点。

（1）aiohttp 既是 HTTP 客户端，也是 HTTP 服务端。

（2）aiohttp 同时支持服务端的 WebSocket 和客户端的 WebSocket。

（3）aiohttp 作为服务端来说，有中间件、信号和可插拔的路由。

因为 aiohttp 库简单易用、功能强大，已经成为发送异步网络请求的首选框架。通过以下命令即可安装 aiohttp 库。

```
$ pip install aiohttp[speedups]
```

上述命令除了安装 aiohttp 库，还会安装 cchardet 和 aiodns 库，cchardet 库是为了替换默认的 chardet 库，从而达到更高的效率。aiodns 库可以提高 DNS 域名的解析速度。我们首先来看 aiohttp 的使用例子，代码如下。

```
import aiohttp
import asyncio

async def main():
  async with aiohttp.ClientSession() as session:
    async with session.get('https://python.org') as response:
      print("状态码:", response.status)
      html = await response.text()
      print("响应体: ", html)
```

```
if __name__ == '__main__':
    asyncio.run(main())
```

上述代码中，首先使用 async with 创建了一个会话对象 session，其中 async with 是异步上下文，与普通的 with 语句用法类似。然后使用 session.get 方法获取数据，并将响应赋值给 response 对象。因为状态码可以直接获取，所以不需要执行 await，而响应体则需要经过读取和解码，因此使用了 await 等待协程的方式获取。这样就使用 aiohttp 库完成了一个基本的网络请求功能。

11.3 异步版 Flask 安装与异步编程性能

Flask 在 2.0 版本实现了异步功能，接下来讲解异步版 Flask 的安装、Flask 异步编程性能，以及异步编程在 Flask 项目中的实战应用场景。

11.3.1 安装异步版 Flask

要在 Flask 中执行异步编程，首先必须使用 Python 3.7 以上的版本，其次要在安装 Flask 时选择异步拓展。通过以下命令即可安装异步版 Flask。

```
$ pip install flask[async]
```

以上命令除了安装异步版 Flask，还会安装 asgiref，从而可以方便地将同步代码和异步代码相互转换。安装了 asgiref 后，在 Flask 中，视图函数、钩子函数（如 error_handlers、before_request 等）都可以定义成异步的，示例代码如下。

```
@app.route("/get-data")
async def get_data():
    data = await async_db_query(...)
    return jsonify(data)
```

11.3.2 Flask 异步编程性能

Flask 是一个符合 WSGI 接口的框架，WSGI 本身是同步的。Flask 中的异步运行过程如图 11-1 所示。

可以看到，在请求到达 WSGI 服务器后，WSGI 服务器会启动一个新的线程，然后在线程中创建一个事件循环来执行异步视图函数，每来一个请求就创建一个新线程，因此异步与同步的并发量其实是一致的。异步代码不一定比同步代码执行效率更高，只有并发执行 I/O 操作才能体现并发的优势，当满足以下两个条件的 I/O 操作时可以考虑使用异步代码。

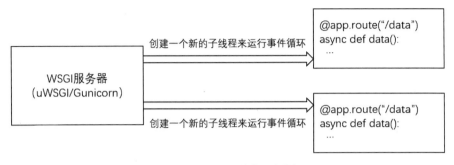

图 11-1　Flask 异步运行图

（1）有一些 I/O 操作。
（2）每个 I/O 操作不需要花费太长时间。
例如以下情形。
（1）向站外发送一些 HTTP 请求。
（2）和数据库有一些交互操作。
（3）有一些文件操作。
对于一些长时间任务和 CPU 密集型任务，使用异步是不合适的，如以下情形。
（1）运行机器学习模型。
（2）处理图片、转码视频或者生成 PDF 文件等。
（3）执行备份。
以上这类长时间或者 CPU 密集型任务，建议使用 Celery 异步框架。

11.3.3　实战——异步发送 HTTP 请求

发送一些 HTTP 请求是异步最适合的场景之一。按照同步的方式，必须要等第一个请求响应后才能执行第二个请求，以此类推，如果每个请求响应时间是 1s，有 10 个请求则必须要 10s 才能完成。我们使用 requests 库发送同步请求，首先通过 pip install requests 命令安装 requests 库。然后发送 5 个网络请求，并计算时间，代码如下。

```python
@app.route("/website/sync")
def website_sync():
    start_time = time.time()
    urls = [
```

```
    "https://www.python.org/",
    "https://www.php.net/",
    "https://www.java.com/",
    "https://dotnet.microsoft.com/",
    "https://www.javascript.com/"
  ]
  sites = []
  for url in urls:
    response = requests.get(url)
    sites.append({'url': response.url, 'status': response.status_code})

  response = '<h1>URLs: </h1>'
  for site in sites:
    response += f"<p>URL: {site['url']}, Status Code: {site['status']}</p>"

  end_time = time.time()
  print("time:%.2f"%(end_time-start_time))
  return response
```

上述代码向 5 个不同的 URL 发送请求，执行所消耗的时间为 10.28s（不同速率的网络和配置的计算机会有所区别）。

异步则不同，它可以发送完一个请求后，不需要等待即可发送第二个请求，以此类推，如果每个请求响应时间是 1s，则 10 个请求可以在 1s 多一点的时间即可完成。使用异步完成以上 5 个请求的示例代码如下。

```
async def fetch_url(session,url):
  response = await session.get(url)
  return {'url': response.url, 'status': response.status}

@app.route("/website/async")
async def website_async():
  start_time = time.time()
  urls = [
    "https://www.python.org/",
    "https://www.php.net/",
    "https://www.java.com/",
    "https://dotnet.microsoft.com/",
    "https://www.javascript.com/"
  ]
  async with aiohttp.ClientSession() as session:
    tasks = []
    for url in urls:
```

```
    tasks.append(fetch_url(session,url))
  sites = await asyncio.gather(*tasks)

response = '<h1>URLs: </h1>'
for site in sites:
  response += f"<p>URL: {site['url']}, Status Code: {site['status']}</p>"

end_time = time.time()
print("time:%.2f"%(end_time-start_time))
return response
```

上述代码中，使用了 asyncio 将 5 个发送 HTTP 请求的协程并行运行。执行上述代码所消耗的时间为 2.57s（不同速率的网络和配置的计算机会有所区别），执行效率是同步的 4 倍左右。如果上述代码不使用 asyncio.gather 并行运行协程，则执行过程依然为同步。

11.3.4　使用异步 SQLAlchemy

SQLAlchemy 在 1.4 版本就添加了异步 API，可以方便地被集成到 Flask 和其他 Web 框架中，如 FastAPI。在 Flask 中使用异步 SQLAlchemy 不能选择 Flask-SQLAlchemy，Flask-SQLAlchemy 没有提供用来替换 AsyncEngine 和 AsyncSession 的接口，因此需要手动创建连接对象。这里为了简单，我们使用 sqlite 作为数据库。首先安装异步连接 sqlite 数据库的驱动包，命令如下。

```
$ pip install aiosqlite
```

> **注意**
> 如果读者想要异步操作 MySQL 数据库，则需要安装 pymysql 和 aiomysql 两个驱动程序，并在数据库连接 URL 上将 mysql+pymysql 修改为 mysql+aiomysql。

使用 SQLAlchemy 创建异步连接 sqlite 对象的代码如下。

```
from sqlalchemy.ext.asyncio import create_async_engine, AsyncSession
from sqlalchemy.orm import declarative_base, sessionmaker
from sqlalchemy import Column, Integer, String, Float

DATABASE_URL = "sqlite+aiosqlite:///./book.db"
engine = create_async_engine(DATABASE_URL,echo=True)
async_session = sessionmaker(bind=engine, expire_on_commit=False,
class_=AsyncSession)

Base = declarative_base()
```

上述代码中,首先创建了连接数据库配置的 URL,然后使用 create_async_engine 方法创建了一个异步引擎,接着使用 sessionmaker 方法创建了一个异步 session 对象,并且指定创建的父类是 AsyncSession。最后使用 declarative_base 方法创建了一个 ORM 模型的基类 Base,这样以后所有 ORM 模型都需要继承自 Base。下面创建一个 Book 模型,代码如下。

```python
class Book(Base):
    __tablename__ = "books"
    id = Column(Integer, primary_key=True)
    name = Column(String(200), nullable=False)
    author = Column(String(200), nullable=False)
    price = Column(Float, default=0)
```

在项目第一次请求之前,我们把 ORM 模型创建到数据库中。添加以下钩子函数。

```python
@app.before_first_request
async def before_first_request():
    async with engine.begin() as conn:
        await conn.run_sync(Base.metadata.drop_all)
        await conn.run_sync(Base.metadata.create_all)
```

上述代码中,首先将 before_first_request 钩子函数定义成了协程,然后使用 async with 异步上下文创建了一个事务,以同步的方式将原来的表删除,并创建新的表。这里之所以用同步的方式,是因为 Base.metadata.drop_all 和 Base.metadata.create_all 两个方法都没有被定义成异步。

> **注意**
> 如果想要使用类似 flask-migrate 的方式同步 ORM 模型到数据库中,可以使用 alembic 来实现,官网为 https://alembic.sqlalchemy.org/en/latest/。

接着添加一个创建图书的异步视图,代码如下。

```python
@app.post('/books/add')
async def add_books():
    name = request.form.get('name')
    author = request.form.get("author")
    price = request.form.get('price')
    async with async_session() as session:
        async with session.begin():
            book = Book(name=name, author=author, price=price)
            session.add(book)
            await session.flush()
```

```
    return "success"
```

上述代码中，首先使用异步上下文创建了一个 session 对象，然后使用 session.begin() 创建了一个事务，又在事务中添加图书到数据库中。本例中没有涉及并行 I/O 的操作，与同步的方式效率相同。这也从侧面说明了，同步编程方式仍然是大部分场景的首选方案。

如果读者需要了解更多有关异步 SQLAlchemy 的知识，请参考其官方文档，网址为 https://docs.sqlalchemy.org/en/14/orm/extensions/asyncio.html。

11.3.5　Jinja2 开启异步支持

Jinja2 从 2.9 版本开始增加了异步支持，在创建 Environment 时，通过设置 enable_async 参数即可开启异步模式。但是 Flask 对象默认已经创建了 Environment 对象，我们只需要通过设置 app.jinja_env.is_async=True 即可开启异步模式。Jinja2 开启异步模式后，就可以在模板中使用协程。下面通过 app.jinja_env.globals 添加协程，代码如下。

```
app = Flask(__name__)
app.jinja_env.is_async = True

async def get_all_books():
  async with async_session() as session:
    stmt = select(Book)
    result = await session.execute(stmt)
    books = result.scalars().all()
    return books

app.jinja_env.globals["books"] = get_all_books
```

上述代码中，我们首先通过 app.jinja_env.is_async 开启了异步模式，然后定义了一个 get_all_books 的协程，取名为 books，再将这个协程添加到了模板全局环境中。这样在模板中，就可以直接执行 books 协程了。

在 templates 下创建 index.html 模板，并在首页视图函数中通过 flask.render_template 渲染模板，代码如下。

```
@app.route('/')
def index():
  return render_template("index.html")
```

以上代码中的 index.html 模板的代码如下。

```
<table>
<thead>
```

```html
    <tr>
      <th>书名</th>
      <th>作者</th>
      <th>价格</th>
    </tr>
</thead>
<tbody>
  {% for book in books() %}
    <tr>
      <td>{{ book.name }}</td>
      <td>{{ book.author }}</td>
      <td>{{ book.price }}</td>
    </tr>
  {% endfor %}
</tbody>
```

上述代码中，books 协程被当作普通函数执行，即可得到 books 协程返回的结果。